U0305697

NHK
趣味园艺

6

石 斛
12月栽培笔记

[日] 江尻宗一 著

谢 鹰 译

机械工业出版社
CHINA MACHINE PRESS

图片：石斛（*Dendrobium braianense*）

12 月
栽培笔记
Dendrobium

美花石斛

目 录

Contents

本书的使用方法

小指南

我是"NHK 趣味园艺"的导读者，这套丛书专为大家介绍每月的栽培方法。其实心里有点小紧张，不知能否胜任每种植物的介绍。

本书围绕石斛的栽培，以月份为轴线，详细解说了每个月的主要工作和管理要点，同时介绍了石斛的生态特征与魅力。

※【石斛图鉴】（第 16~34 页）

以本书的 4 种栽培示例"石斛组""垂茎组""澳洲石斛组""顶叶组"为主，介绍了石斛的代表性原生种、园艺种及其特征。

※【12 月栽培笔记】（第 35~83 页）

介绍了每月的主要工作与管理要点。不仅按 4 种石斛类型讲解管理要点，而且根据冬季摆放位置的室温划分了 3 个温度带。将每月的工作分为两阶段进行解说，分别是新手也必须进行的"**基本**"，以及供中级、高级栽培者提高能力的"**挑战**"。主要的工作步骤都记载在了相应的月份里。

列出了本月的
主要工作

基本
新手也必须
进行的工作

挑战
供中级、高级栽
培者提高能力的
工作

列出了本月的
管理要点

※【栽培的基础知识】（第 84~93 页）

讲解了石斛的基本栽培方法。如果最先阅读这一部分，将有助于您更好地理解"12 月栽培笔记"中的内容。

● 本书的说明是以日本关东以西的地方为基准（译注：类似于我国长江流域）。由于地域和气候的关系，石斛的生长状态、开花期、工作的适宜时间会存在差异。此外，浇水和施肥的量仅为参考值，请根据植物的状态酌情而定。

石斛的魅力

石斛是一种什么样的植物？
本部分为您介绍培育石斛前需要了解的基础知识。

澳洲石斛 "希尔寇奇（Silcockii）"

Dendrobium

石斛是一种什么样的兰花?

分布广泛，种类也丰富

　　石斛是广泛分布在亚洲、大洋洲各地的兰科植物，种类非常多。光是得到确认并记录在案的原生种就有 1000 多种。石斛花朵类型丰富，有艳丽的，有特别娇小的，有香气宜人的。此外，石斛还有耐寒性强的、耐热性差和耐寒性与耐热性都强的品种，栽培方法也多种多样。石斛的世界充满无穷的乐趣与魅力。

石斛的分布地区

东南亚

马来西亚

新几内亚

华莱士线

太平洋

澳大利亚

※ 华莱士线：由英国生物学家阿尔弗雷德·拉塞尔·华莱士（Alfred Russel Wallace）发现，这条界线两侧的生物种类大不相同。这条线两侧的石斛也是区别较大的不同群体。

M.Ejiri

在印度锡金邦海拔约 1200m 高的山崖上，石斛（*Dendrobium nobile*）附生在国道旁的大树上开花。只要日照充足就能茁壮生长。从它附生植物的特性可以看出，该地区雨水较多。

M.Ejiri

在印度锡金邦的南部，兜唇石斛（*Dendrobium cucullatum*）附生在小镇的大树上，花穗下垂，开满了花朵。环视周围的树木，所见之处都是兜唇石斛的花。这番风景煞是美丽，但当地人却已习以为常，看也不看一眼。

7

性质与外形也多种多样

石斛分布广泛，种类又多，习性与株形也多种多样。栽培石斛时，需要根据株形和开花形态对其进行分组，并参考其原生地的气候等条件。

有些石斛非常适应日本的气候，在日本冬季较冷的环境中也能栽培，但也有许多石斛在日本较冷的环境下无法顺利生长，因为其原生种的原产地位于赤道附近，它们不喜寒冷。还有一类耐寒的石斛，原产地在热带的高海拔地区，所以它们无法忍受日本炎热的夏季。

石斛（Nobile）组的原生种石斛（*Dendrobium nobile*）。左图为它在印度锡金邦的野生状态。仔细观察植株，会发现它没有一个高芽（参见第62页）。在自生地，石斛几乎不会形成高芽。

日本原产的细茎石斛（*Dendrobium moniliforme*），也叫长生兰，是一种古典园艺植物，从江户时代起，人们就对它的花色、叶片纹路、假鳞茎颜色津津乐道。它也是一种重要的小型园艺品种的亲本。左图为它的花朵，右图是品种"银龙"。

众多魅力四射的园艺品种

石斛不光有原生种，还有许多杂交种（经过了人工改良）在世界各地流通，为不少人带来了乐趣。世界上最早的石斛杂交种，是1864年首次培育出来的，属于石斛组品种。目前共记录了14000多个品种，且数量仍在持续增加。

杂交种是经过了改良的园艺品种，放大了原生种本来的魅力。相比原生种，它们的外表被改良得更为美观，比如花朵更大、花量更多、色彩更丰富等，而且有的改良目的是便于栽培。有的石斛对于家庭栽培来说，体积略大，它们被改良成了更好栽培的中型或小型品种。

市面上的石斛园艺品种几乎都是杂交种，在家中栽培时无须耗费太多心力，便能让石斛开出花朵。

小妖精"卡门"（Fairy Flake 'Carmen'）。花色为石斛组的基本色——紫红色，唇瓣上的红黑色"大眼睛"是其特征，植株高30~40cm。

奇异王"马可"（Specio-kingianum 'Marco'）。由澳大利亚东部原产的澳洲石斛与大明石斛杂交而来的一代杂交种。"马可"开有大量的白色小花，植株略高，株高25~35cm。

本书中的石斛

　　石斛有许多类型，本书中的 4 种类型分别为石斛组、垂茎组（下垂型石斛）、澳洲石斛组、顶叶组。都是耐寒好养的石斛，栽培时原则上不需要温室等加温设备。春秋之间可以种在室外，冬季摆在日常生活的室内即可。

石斛组

　　由原生种石斛（*Dendrobium nobile*）改良而来，此原生种广泛分布在喜马拉雅山脚至东南亚的缅甸、泰国、越南附近海拔 1000~1500m 的高地。这些地区夏季高温多雨，冬季略微干燥、气温较低。

　　石斛杂交种的魅力在于其华丽的花朵。假鳞茎的各节都能开花，花盛开后，花量多到淹没植株，而且花期持久。12月到来年 3 月，能在园艺店、园艺展会等地方见到它们。

　　石斛组以耐寒性强而闻名，即使遇到日本的寒冬，摆在室内也能顺利栽培。由石斛组与日本原产的细茎石斛杂交而来的小型园艺品种，被称为长生兰系品种。

✲ 垂茎组

有些原生种在生长时假鳞茎下垂，这样的品种被称为下垂型石斛。垂落的长假鳞茎上，每一节都能像石斛组品种那样开出花朵。垂茎组品种的花量虽不如石斛组的多，但花朵开满时，那种美丽与震撼也令人叹为观止。

✲ 澳洲石斛组

本组品种由澳大利亚东部原产的原生种澳洲石斛改良而来。与石斛组品种不同，澳洲石斛组品种结实挺立的假鳞茎上部生有叶片，叶片之间向上伸出多根花茎，开出花朵。本组原生种的原产地比较温暖，气候与日本的本州很像。因此，可以说这是一类在日本也容易栽培的石斛。

✲ 顶叶组

这种类型的品种最近越来越常见了。假鳞茎基本上都有点儿凹凸不平的感觉，上部生有叶片。茎顶部附近会冒出花芽，开花时花序优雅地垂下来。植株没有开花时的样子与开花时的优美外形对比鲜明，令人惊讶。这一组的杂交种还不多，以原生种为主。

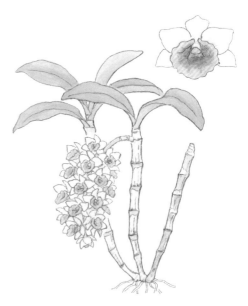

神奇的石斛

——空中花园培育出来的多样性

游川知久（日本国立科学博物馆筑波实验植物园）

种类繁多的附生兰

在拥有约 800 个属的兰科植物中，石斛属是种类最多的属之一，包含约 1100 个品种。石斛属的学名 *Dendrobium*，是由古希腊语的 dendron（树木）与 bios（生活）组合而成，除了极少数的品种，石斛都是名副其实地附生在树木、岩石上面生长的。石斛广泛分布在亚洲、大洋洲，从热带到温带，从洼地到海拔约3800m 的高地，它们生长在多种多样的环境中。

花叶丰富多彩，习性多样

石斛的一大明显特征，便是假鳞茎与叶片的形态丰富。茎有直立的、匍匐的、下垂的，形态各异；长度从几毫米的到 5m 以上的都有；形状有铁丝状、棒状、球状、扁平状等。叶片有纤细的、圆形的、单薄的、肉质的等。

花朵的形态也多种多样，花香有甜美的、清爽柑橘系的，也有难闻的。花既有不到 1 小时就凋零的，也有 1 朵花能开上 9~10 个月的。9~10 个月的开花时间，在植物界应该是最长的花期了吧。

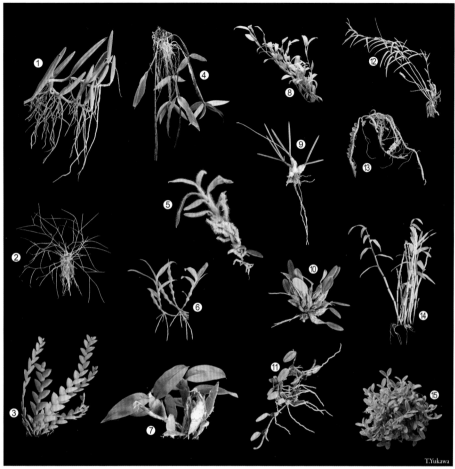

T.Yukawa

石斛的株姿丰富得让人想不到它们都是石斛属的植物。上图中按序号依次为棒叶石斛（*Dendrobium wassellii*）、石斛（无中文学名，*Dendrobium setifolium*）、双槽石斛（*Dendrobium bilobulatum*）、蜘蛛石斛（*Dendrobium tetragonum*）、绒毛石斛（*Dendrobium senile*）、石斛（无中文学名，*Dendrobium aphrodite*）、石斛（无中文学名，*Dendrobium platycaulon*）、狭叶金石斛（学名修订为 *Flickingeria angustifolia*）、葱头石斛（*Dendrobium canaliculatum*）、聚石斛（*Dendrobium lindleyi*）、石斛（无中文学名，*Dendrobium bulbophylloides*）、蝶形石斛（*Dendrobium papilio*）、石斛（无中文学名，*Dendrobium limpidum*）、细茎石斛（*Dendrobium moniliforme*）、红脉茉莉石斛（*Dendrobium pachyphyllum*）。

← 左页图片
石斛单朵花的开花时长（花期）各不相同。有花期长达 8 个月的雪山石斛（*Dendrobium cuthbertsonii*，右图），以及花期只有半天的安波那石斛（*Dendrobium amboinense*，左图）。人们认为石斛之所以有花期长的性质，是其为了在生长环境中增加授粉昆虫到来的机会而形成的结果。

环境的剧变催生了石斛的多样性

分布着石斛的亚洲和大洋洲，从很久之前开始，造山运动便令这里形成了多样的地形，致使环境发生剧变。比如加里曼丹岛与新几内亚岛的中央高地、喜马拉雅山脉等地，都形成了茂密的热带山地林。

山地林环境潮湿，一天之中有好几个小时云雾缭绕，苔藓悬挂在树木上，林间还生长着蕨类植物等。也就是说，这里是石斛这类附生植物容易生存的"空中花园"。石斛便适应了新形成的环境。

而这没有竞争对手、可自由生长的"空地"，属于既有山谷也有山脊的复杂地形，因此存在着复杂多样的微气候。如此多样的环境促进了新的进化，使得石斛"肆意"变化。现在人们看到的石斛的多样性，便是这样产生的。

即便在同一片树林中，附生在树梢、主干上的品种也完全不同。它们根据光照条件、水分多寡来分布。下图中为生长在细枝上的迪克逊石斛（*Dendrobium dickasonii*）右页图中为生长在粗干上的束花石斛（*Dendrobium chrysanthum*）。它们对附生树木品种的喜好也不同。（摄影地：缅甸）

T.Yukawa

T.Yukawa

石斛图鉴

本部分按不同类别介绍多种多样的石斛原生种、园艺品种。您一定能从中找到心仪的石斛。

 石斛组

本组品种是以喜马拉雅山脚原产的原生种石斛为基础改良而来的，是容易栽培的类型。粗壮的假鳞茎呈半直立状，节上会开出花朵。植株从大型到小型应有尽有，且耐低温（最低温度约为5℃）。它们具有落叶性，老化的叶片会自然变黄掉落，可以说是石斛的基本类型。

石斛
Dendrobium nobile

石斛组的基础原生种，附生在树木上，春季开花。喜马拉雅山脚为其主要的原产地。它非常适应日本的气候，耐寒性强，强健，好养。株高为30~60cm。

春讯 "笑眼"
Spring News 'Smiling Eyes'

小型杂交种，花朵柔和的粉色与中心醒目的深红色斑纹显得格外可爱。假鳞茎无须支柱便能自立。株高为20~25cm。

M.Ejiri

Yamamoto Dendrobium

第二次的爱"悸动"
Second Love 'Tokimeki'

紧凑的中型植株，能开出中等偏大的花朵。白色花瓣的尖端有一点儿淡淡的粉色，很是可爱。株高为30~35cm。

绿色惊喜"温蒂"
Green Surprise 'Wendy'

在石斛组中，它的花色属于十分罕见的绿色系，色彩的深浅会因花期的气温而变化。株高为50~60cm。

黄色歌谣"蜜糖"
Yellow Song 'Candy'

中型花朵的明亮黄色非常醒目。它是花期特别长的品种，假鳞茎上能开出大量花朵。株高为30~40cm。

甜美爱情"心跳"
Candy Love 'Dokidoki'

它是很强健的品种，株姿几乎和第二次的爱"悸动"一样，能开出中等偏大的花朵，花瓣有亮粉色的边。株高为25~30cm。

获奖者 "大帝"
Medalist 'Mikado'

整朵花呈波浪状，是十分华丽的超大型白花。花瓣深处有褐色的斑纹。植株能长得很大，株高为40~60cm。

高贵的微笑 "阳光"
Noble Smile 'Sunshine'

大型花朵，花形为近乎理想的完美圆形。鲜艳的紫红色中心是黄色的大斑纹。植株生长旺盛，能长得很大，株高为40~60cm。

亚洲微笑 "俏佳人"
Asian Smile 'Cutie Girl'

它是开花性好的品种，从植株基部开始就开满了密集的花朵。大型花朵的花瓣尖为紫红色，唇瓣中心是深紫色的斑纹。株高为50~60cm。

皇家婚礼 "宝宝笑"
Royal Wedding 'Baby Smile'

大型花朵的纯白色花瓣上镶有一圈醒目的亮粉色。明亮花朵的唇瓣色彩与花瓣的融为一体。株高为30~35cm。

Yamamoto Dendrobiums

粉色之吻 "彗星女王"
Pink Kiss 'Comet Queen'

它的特征是植株上整齐地开满了深紫红色的大型花朵，花中心有深黄色的斑纹。在石斛组中属于早花型品种。株高为 30~40cm。

好运 "小行星"
Good Luck 'Dudu'

可爱的中等偏大的花朵呈奶黄色，开得格外娇艳。
它是一种直立性好、生长旺盛且容易栽培的中型
品种。株高为 40~50cm。

Yamamoto Dendrobiums

↑迷人天使"雪纺"
Charming Angel 'Chiffon'

超大型的亮粉色花朵的唇瓣深处是奶油色的斑纹。花瓣边缘有褶皱，兼具柔美与艳丽。株高为40~50cm。

天使粉"香颂"
Angel Pinck 'Chanson'

色彩柔和的大型花朵，淡粉色的花色与唇瓣深处紫红色的斑纹十分搭配。它是开花性极佳的品种，从基部开始开满朝向一致的花朵。株高为40~50cm。

↓灿烂的微笑"博美"
Brilliant Smile 'Hiromi'

花瓣为高雅的乳白色，唇瓣中央有黄色的斑纹。早开型的大花朵直径可达10cm。株高为40~50cm。

贝壳之爱"欢愉"
Shelly Love 'Pleasure'

优雅的柔粉色大型花朵开满了植株。它是一种开花性好，花期持久的品种。株高为40~50cm。

21

亚洲美人"真正的激情"
Asian Beauty 'True Passion'

在石斛组中，它的花朵算大得惊人的。花朵直径
最大可超过10cm。开花后，花色会逐渐变深。
株高为50~60cm。

金花"斑叶黄金"
Golden Blossom 'Kogane Variegatum'

尽管它是日本昭和时代后期出现的品种，但魅力依旧。
黄色的花色配上红黑色斑纹的花朵，令人印象深刻，
而带有斑纹的叶片也很可爱。株高为25~30cm。

爱的回忆"气泡"
Love Memory 'Fizz'

中型花朵密集开放，令人感觉特别热闹。直立性
与开花性非常好，从植株较小时就开花旺盛。株
高为20~50cm。

彩虹之舞"花火"
Rainbow Dance 'Hanabi'

与标致的花形相比，本品种的娇小体形别有一番
风情。开花时纤细的花瓣仿佛在翩翩起舞。植株
强健，好养。株高为20~30cm。

开始绽放的花朵→

岩须石斛
Dendrobium Cassiope

由石斛与细茎石斛杂交而来的小型
原生种一代杂交种，花朵朴素，植
株强健。栽培时可令其附生在木片
等载体上。株高为 20~30cm。

石斛组

黄青菜 "魔幻色彩"
Yellow Chinsai 'Magical Color'

从开花到完全开放之间，花颜色会逐渐变化。它
属于小型杂交种，假鳞茎笔直挺立，无须支柱。
株高为 15~20cm。

星尘 "火鸟"
Stardust 'Fire Bird'

像这样整个花朵都是橙色的石斛，仅此一种。
中型植株落叶后会开满中型花朵。株高为
20~30cm。

天使宝贝 "绿眼睛"
Angel Baby 'Green Eye'

作为迷你石斛，它是一种人气颇高的小型杂交种。
它属于日本原产的细茎石斛的交配系统，特别的
强健好养。株高为 10~15cm。

🌸 垂茎组

垂茎组与石斛组非常相似，但其植株（假鳞茎）会下垂开花。新芽生长过程中起初是向上生长的，但后期会逐渐下垂。垂茎组品种分为两种：一种是常绿型品种，开花时有叶片；另一种是落叶后再开花的品种。部分垂茎组品种不耐寒，能承受的最低温度约为5℃（檀香石斛的约为10℃），栽培时需要注意。

兜唇石斛"秦野粉红"
Dendrobium cucullatum 'Hadano Pink'

这是分布于尼泊尔至马来半岛的原生种，它的假鳞茎会在春秋之间生长。冬季结束时落叶，到了春季，落叶后的假鳞茎上会开满粉色的小型花朵。假鳞茎长60~70cm。

美花石斛
Dendrobium loddigesii

这是分布在我国南部至中南半岛的小型原生种。春季半下垂的短假鳞茎上会开出颜色略深的粉色小型花朵。不会完全落叶。假鳞茎长15~20cm。

紫瓣石斛
Dendrobium parishii

这是分布在印度东北部至中南半岛的中型原生种。假鳞茎为中等粗细，很少有完全下垂的，呈略微倾斜的直立状态。植株在落叶后的春末至初夏开花。假鳞茎长25~30cm。

M.Ejiri

M.Ejiri

红色流星"天河"
Red Meteor 'Milky Way'

这是美花石斛兰与紫瓣石斛的小型杂交种。春季
落叶后，会开出明亮的紫粉色小型花朵。假鳞茎
长 20~25cm。

M.Ejiri

↑ 报春石斛
Dendrobium polyanthum

这是分布在喜马拉雅山脉至中南半岛的大型原生
种。假鳞茎可生长至 60~70cm 长，在春季结束
时落叶，然后开花。报春石斛有唇瓣为白色的类
型（上图）和唇瓣为黄色的类型。

↓ 檀香石斛
Dendrobium anosmum

这是分布在斯里兰卡、中南半岛至新几内亚的大
型原生种。冬季需要在 10℃以上的环境中栽培。
植株不会完全落叶，在春季至初夏开花。假鳞茎
长 60~70cm。

星际探索"大撕裂"
Adastra 'Big Rip'

这是由兜唇石斛与檀香石斛杂交而来的中型品
种。它具有半落叶性，春季会开出活泼的荧光粉
色中型花朵。假鳞茎长 40~50cm。

25

 **澳洲石斛组**

这是以小型原生种澳洲石斛（原产地为澳大利亚东部地区）为中心杂交、改良得来的一类品种。许多杂交种的植株都是小型至中型的，利于栽培。株姿很有特色，植株基部粗壮，越往上假鳞茎就越细，在假鳞茎顶部向上冒出花芽并开出花朵。这类品种耐寒性强（能承受的最低温度约为5℃），属于强健好养的类型。

M.Ejiri

澳洲石斛
Dendrobium kingianum

这是原产地位于澳大利亚东部地区的小型原生种。它喜欢强烈的日照，耐寒性也特别强。人们用它培育出了各种各样的杂交种，每一种都很强健，十分好养。株高为10~20cm。

大明石斛
Dendrobium speciosum

这是广泛分布于澳大利亚东部地区的中型至大型原生种。花朵色彩丰富，从乳白色到深黄色都有。它耐寒性强，十分强健。株高为30~50cm。

M.Ejiri

东之伊甸 "仙后座"
Easter Parade 'Cassiopeia'

它属于中型杂交种，纯白色的小型花朵开在像稻穗一样挺直向上的花序上。植株也直挺挺的，容易造型。株高为20~25cm。

M.Ejiri

↑ 澳洲石斛 "希尔寇奇"
Dendrobium kingianum var. Silcockii

这是原生种澳洲石斛的变色版，自古就为人所知。能开出白色的可爱花朵（紫红色唇瓣）。性质与普通的粉花品种的一样。它是耐寒性强的强健品种。株高约为10cm。

↓ 吉利斯顿之金 "娜塔莉"
Gillieston Gold 'Natalie'

这是原生种大明石斛系统中的中型杂交种，能欣赏到它橙黄色的迷人色彩。它耐寒性强，无须加温也能栽培。株高为25~30cm。

M.Ejiri

美谈 "恋爱点滴"
Success Story 'Koi no Shizuku'

这是假鳞茎挺立的中型杂交种，植株会一下子长到头，容易发芽。花序挺直向上生长并开花。株高为15~20cm。

27

顶叶组

这一类品种包含自生于喜马拉雅山脉至中南半岛、马来半岛的 10~14 种原生种及其杂交种。它们拥有略微坚硬的假鳞茎，花序从顶部下垂，开出一簇花。开花时它们美得令人叹为观止，但花朵寿命很短，一周左右就凋零了。它们基本上能经受住冬季的低温，最低耐受温度约为5℃（四角石斛的最低耐受温度约为10℃）。

M.Ejiri

密花石斛
Dendrobium densiflorum

这是自生于喜马拉雅山脉至我国海南岛的原生种，拥有亮眼的金黄色花朵，春季结束时会开出绚烂的花簇。冬季摆在室内可避免寒冷天气对植株造成伤害。株高为 30~40cm。

M.Ejiri

M.Ejiri

四角石斛
Dendrobium farmeri

这是自生于喜马拉雅山脉至马来半岛的原生种，春季会开出淡粉色的花朵。人们容易将其与球花石斛混淆，但它的花序稍微短一点儿。冬季需要略微加温。株高为 20~25cm。

球花石斛
Dendrobium thyrsiflorum

这是自生于印度阿萨姆邦至中南半岛的原生种，白色花瓣与黄色唇瓣的组合十分迷人，花会在春季开放。它耐寒性强，可以在没有加温的室内过冬。株高为 30~40cm。

四角石斛变型 "彼得伯勒"
Dendrobium farmeri f. album 'Peterborough'

此品种的花色由四角石斛的粉色蜕变为白色。花序长度刚刚好，此花在日本洋兰农业合作社（JOGA）的评选中获了奖。株高为20~25cm。

M.Ejiri

四角石斛 "原田"　*Dendrobium farmeri* 'Harada'

在粉色的四角石斛中，它属于颜色艳丽的品种，花序比普通个体伸得更长。是在日本洋兰农业合作社（JOGA）评选中获奖的优良品种。长成大株的样子很有看头。株高为25~30cm。

M.Ejiri　M.Ejiri

苏瓣石斛
Dendrobium harveyanum

这是自生于我国云南至中南半岛的原生
种。春季会开出亮黄色的小型花朵，花
瓣周围生有密集的茸毛。香气甜美。它有
点儿忌夏季的炎热。株高为 40~50cm。

鼓槌石斛
Dendrobium chrysotoxum

这是自生于印度东北部、我国云南至中
南半岛的原生种。花朵从假鳞茎顶部开
花，但与其他的顶叶组品种不同，花序
有点儿偏直立。株高为 25~30cm。

顶叶组

聚石斛"阿芙里"　*Dendrobium lindleyi* 'Aphri'

这是自生于喜马拉雅山脉至中南半岛的原生种。春季至初夏间开花。耐寒性极强。
它是花色浓郁的优异品种。株高为 10~15cm。

M.Ejiri

M.Ejiri

密花石斛"红牡丹" *Dendrobium densiflorum* 'Benibotan'

这是越南原产的大型原生种，株高为 70~80cm。花朵色彩十分浓郁，能开出花序伸得特别长的优良花朵。虽然它的原产地是越南，但是其耐寒性强，也很强健。

亮粉 Shinning Pink

由四角石斛（第28页）杂交而来。它特别强健，耐寒性强，春季长度适宜的花序上会开出柔粉色的花朵。株高为 30~35cm。

万芳 Ueang Phueng

这是原生种聚石斛与同系统小型品种的杂交种。在顶叶组中，它属于小型石斛，很强健，十分好养。株高为 5~10cm。

M.Ejiri

M.Ejiri

✿ 其他类型

石斛的种类非常多，有许多不喜酷暑、严寒的种类，也有许多不适合日本气候的种类。本部分介绍的石斛，在家中栽培时无须特殊的加温或降温设备。基本的栽培方法与石斛组差不多（有些种类的最低耐受温度为 5~10℃），您可以挑战一下。

↓ 紫舌石斛
Dendrobium amethystoglossum

这是自生于菲律宾的中型原生种。冬季至春季假鳞茎会伸得长长的，上面开出白色与桃红色相间的可爱花朵，花朵向下悬垂。植株强健，很好养。株高为 50~60cm。

↑ 苏拉威西石斛
Dendrobium glomeratum

这是自生于印度尼西亚苏拉威西岛的原生种。它被归类为耐寒型品种，但其耐热性相对较强，在夏季没有冷气的环境中也能栽培。它不定期开花，能够长时间观赏。株高为 80~100cm。

M.Ejiri

M.Ejiri

石斛"苏韦达" *Dendrobium braianense* 'Suwada'

这是自生于中南半岛的小型原生种。冬春之时，略带透明感的亮黄色花会从假鳞茎上部的茎节长出，且花有淡淡的香气。株高为 20~25cm。

M.Ejiri

M.Ejiri

流苏石斛
Dendrobium fimbriatum

这是自生于喜马拉雅山脉至我国南部、中南半岛的大型原生种。鲜艳的橙黄色花朵引人注目。开花时，半下垂的花序会从假鳞茎上部伸出来。耐寒性强。株高为 70~80cm。

土豆石斛
Dendrobium peguanum

这是自生于喜马拉雅山脉至泰国的微型原生种。株高约为 5cm，植株顶部能开出芬芳的小花。它不太能忍耐寒冷与干燥环境，因此冬季需要注意室温与湿度。

33

拟双列兰石斛
Dendrobium dichaeoides

这是自生于新几内亚的微型原生种。可以一直种在2号盆⊖中观赏。短短的假鳞茎顶部开满了小小的花朵。植株不太能经受夏季暑热。株高约为5cm。

和睦
Nagomi

这是由原生种一代杂交而来的小型杂交种。它看上去像是耐寒型的，其实它的耐热性也较强。能够长期欣赏花朵。株高为5~10cm。

其他类型

响声
Hibiki

这是由原生种一代杂交而来的小型品种。植株基部附近会开出密集的紫红色花朵。它的耐热性、耐寒性都很强，花期也长得惊人。株高为10~15cm。

加顿阳光
Gatton Sunray

1919年命名的古典杂交种，植株很强健。它属于初夏开花的大型品种，假鳞茎顶部会开出奶黄色的花朵。株高为80~90cm。

⊖　一般花盆的号数约是花盆直径（单位为厘米）的1/3，即2号盆的直径约为6cm。

12 月栽培笔记

简明易懂地按月归纳了主要工作与管理要点。
只要根据季节进行合适的养护，石斛每年都能
开出美丽的花朵。

苏拉威西石斛

Dendrobium

石斛栽培的主要工作和管理要点月历

			1月	2月	3月	4月	5月	
生长状况	石斛组	温度带1	新芽开始缓慢生长		迅速生长			
			开花					
		温度带2	新芽开始缓慢生长		迅速生长			
				开花				
		温度带3		缓慢生长		└ 新芽生长		
						开花		
	澳洲石斛组	温度带1		缓慢生长		└ 新芽生长		
					开花			
		温度带2		缓慢生长		└ 新芽生长		
					开花			
		温度带3		缓慢生长		└ 新芽生长		
						开花		
	垂茎组	所有温度带		缓慢生长		└ 新芽生长		
						开花		
					落叶			
	顶叶组	所有温度带		缓慢生长		└ 新芽生长		
						开花		
主要工作					└ 摘残花 → p44	→ p49、p58		
			立支柱 → p74			换盆、分株、板植		
					压条、采集高芽 → p59、p62 ┘			
管理要点	摆放			明亮的室内窗边		室外		
	浇水			在栽培基质完全干燥前 （如果有花蕾了，就稍微多浇一点儿水）		└ 慢慢增加浇水量		
	施肥			每月施一次固体有机肥料（仅限石斛组）				

● 关于温度带

根据冬季植株摆放位置的温度情况，本书划分了 3 个温度带。各温度带的划分方式如下：

温度带 1：昼夜温暖的房间

白天温度高于 25℃，夜晚温度高于 20℃。事实上，对于石斛组、澳洲石斛组、顶叶组、垂茎组的许多品种来说，这一温度带太热了。

	6月	7月	8月	9月	10月	11月	12月
	一边形成假鳞茎一边生长			假鳞茎发育饱满	假鳞茎生长结束	缓慢生长	
	一边形成假鳞茎一边生长			假鳞茎发育饱满	假鳞茎生长结束	缓慢生长	
	一边形成假鳞茎一边生长			假鳞茎发育饱满	假鳞茎生长结束		缓慢生长
	一边形成假鳞茎一边生长		假鳞茎发育饱满	假鳞茎生长结束		缓慢生长	
	一边形成假鳞茎一边生长		假鳞茎发育饱满	假鳞茎生长结束		缓慢生长	
	一边形成假鳞茎一边生长			假鳞茎发育饱满	假鳞茎生长结束	缓慢生长	
	一边形成假鳞茎一边生长			假鳞茎发育饱满	假鳞茎生长结束		缓慢生长
	一边形成假鳞茎一边生长		假鳞茎发育饱满	假鳞茎生长结束	缓慢生长		

| | | | | 立支柱 → p74 | | | |
| 除草 → p66 | | | | | | | |

| | | | | | 明亮的室内窗边 | | |

每日充分浇水

充分浇水　　　　　　　　　　　　　慢慢减少浇水量　　　在栽培基质完全干燥前
（刚摆进室内时稍微多浇一点儿水）

叶水 → p67

每月施一次固体有机肥料（所有类型的石斛）

每周施一次液体肥料

温度带 2：昼暖夜凉的房间
白天温度高于 20℃，夜晚温度略低于 10℃。对于石斛组、澳洲石斛组、顶叶组、垂茎组的许多品种来说，这个温度区间是很理想的。

温度带 3：昼凉夜寒的房间
白天温度低于 15℃，夜晚温度略低于 5℃。这是大多数石斛组、澳洲石斛组、垂茎组品种都很喜欢的温度带。对部分垂茎组和顶叶组品种而言，夜晚的温度可能有点儿低。

1 月

基本 调整支柱

基本 基础工作

挑战 适合中级、高级栽培者的工作

1月的石斛

在温暖房间里栽培的石斛组品种，有的开始开花了，有的植株基部开始长出新芽。如果是种在温度低的房间里，石斛组与澳洲石斛组的植株状态将与12月时的无异。垂茎组、顶叶组品种也一直维持原状。

绝美浪漫"甜蜜故事"（Wonderful Romance 'Sweet Story'）。鲜艳的紫红色中型花朵的特征是花朵中央有大片白色。株高为30~40cm。

主要工作

基本 调整支柱

调整支柱位置，让开花时的植株更加好看

立过支柱（参见第74、75页）的植株，需在花蕾长大前再检查一次支柱位置，并进行调整，让开花时的植株更加好看。另外，把松了的牵引塑料绳绑紧，将支柱固定好。

管理要点

✳ 石斛组

❄ 摆放：**日照充足的室内窗边**（参见第80页）

符合温度带2或温度带3条件的地方比较理想。让植株直接隔着玻璃窗晒太阳即可，不需要使用蕾丝窗帘等遮挡阳光。在温暖的日子里，您也许会很想将植株搬到室外晒太阳，其实不用那么麻烦，可以打开窗户，让植株感受阳光和新鲜的空气。

温度带1 此处植株的花蕾变饱满了，有的植株甚至开始开花了。由于这

本月的管理要点

❄ 日照充足的室内窗边

💧 栽培基质完全干燥前，根据植株所处温度带来浇水

▣ 不需要

🐛 介壳虫

一温度带的温度略高，即使植株在充足的阳光下开出了花朵，花色也有可能偏浅。

有的植株基部开始冒出新芽。这时，为了让新芽能接受充足的日照，需要改变植株摆放的位置或方向。如果处于阴影中，开始生长的新芽就会变瘦弱，从春季开始，植株的生长状态就会变差。可以说这是在高温下栽培石斛组植株的最大问题。

本应形成花蕾的假鳞茎茎节上如果长出了高芽，放任不管即可。

温度带 2 白天暖和、夜晚凉快的状态属于理想状态。此处植株的花蕾会逐渐饱满起来。

温度带 3 此处的温度是石斛组品种喜欢的温度，但它们的植株几乎不会生长，也没有花蕾冒出。

💧 **浇水：在栽培基质完全干燥前**

温度带 1 栽培基质干燥得非常快，若不经常充分浇水，就会立马变干。一旦缺水，假鳞茎便会迅速地变瘦弱并起皱，花蕾还有可能枯死。确定花蕾已膨胀后，浇水以防止栽培基质干燥，这一点非常关键，有时需要隔一天就浇水。

温度带 2 虽然此处晚上有点儿冷，但由于白天暖和，栽培基质还是比较容易干燥。当栽培基质表面开始干燥时，就立刻充分浇水。大概每周 1、2 次。

石斛组品种的花蕾形成到开花的过程

温度带3 由于此处温度低，所以栽培基质不容易干燥。栽培基质表面干燥时，用手指轻轻按压，如果感觉只有一点点水分，便浇少量的水。大约7~10天浇1次水。

▦ 施肥：**不需要**

✳ 澳洲石斛组

❄ 摆放：**日照充足的室内窗边**（参见第80页）

以石斛组为准。符合温度带2或温度带3条件的地方比较理想。温度带1的温度略高，此处植株的花蕾容易变黄，因此需要注意。

💧 浇水：**在栽培基质完全干燥前**

以石斛组为准。

温度带1 需要积极浇水。花芽会从植株顶部不断冒出，千万不能缺水。哪怕缺一点儿水，开始形成的花蕾都会变黄并掉落。

温度带2 当栽培基质表面干燥时，就立刻充分浇水。此时是花芽慢慢生长的阶段。

温度带3 当栽培基质表面干燥时，用手指轻轻按压，如果感觉有一点点水分，便浇少量的水。此时花芽几乎不生长。

▦ 施肥：**不需要**

✳ 垂茎组

❄ 摆放：**日照充足的室内窗边**（参见第80页）

以石斛组为准。用晾衣架等工具把它们悬挂在窗边，也可以摆在花台等的上面。这时，需注意避免折到伸长的假鳞茎。不管是在哪个温度带，这一时期的植株较之前都没有变化。

💧 浇水：**在栽培基质完全干燥前**

以石斛组为准。不管是在哪个温度带，都要避免植株缺水。特别是小盆栽，要注意别太干。

▦ 施肥：**不需要**

✳ 顶叶组

❄ 摆放：**日照充足的室内窗边**（参见第80页）

以石斛组为准。许多顶叶组品种都耐得住低温，可如果遇到极端的低温情况，植株就有可能腐烂。将植株放在夜间温度不低于10℃的房间里最为理想。不管是在哪个温度带，这一时期的植株较之前都没有变化，也不会生出花芽。

💧 浇水：**在栽培基质完全干燥前**

以石斛组为准。不管是在哪个温度带，都要避免植株缺水。

▦ 施肥：**不需要**

病虫害的防治

介壳虫（参见第91页）

检查假鳞茎、根部、叶片背面等位置，看有没有出现害虫。

购买石斛的注意事项

第一次购买石斛时，烦请大家注意下面的事项。

■ 购买时机

10月至来年4月是最佳购买时期。秋季可以买到长出新假鳞茎的植株，冬春期间则可购买开花的植株。

■ 购买地点

尽量在专业店铺购买，购买时问清楚品种的性质等。一定要弄清楚品种的耐寒性、耐热性，这点非常重要。在网上购买时，也一定要先咨询自己不清楚的地方。

■ 如何分辨好植株

在最佳时期购买植株时，要选择假鳞茎饱满、叶片舒展且有光泽的。此外，把植株拿起来时不摇晃，这也很重要。

■ 如何选择好花（品种）

对花朵颜色、形状的喜好因人而异。您可以选择自己喜欢的花朵，检查植株状态后再购买。专家选出来的获奖品种不一定适合您。

■ 购买带有花蕾、花朵的植株时，需要注意之处

12月至来年4月，园艺店也会出售石斛的开花株。购买带有花蕾、花朵的植株时，请仔细观察隐蔽处有没有枯黄的花蕾或花朵。如果枯黄的花蕾或花朵较多，可能是植株在运输途中或在店头遇到了缺水情况。

另外，如果带有花蕾、花朵的假鳞茎过分纤细，即使开花了，花期也不持久。在花朵盛开的植株上，要是有一部分花瓣枯萎成浅棕色，或花朵变得有点儿透明，那就是花期即将结束的迹象。

■ 让花期持久的秘诀

本书中介绍的几类石斛，几乎都是耐寒性强的类型。暖气充足的房间对它们来说有点儿热了。如果把带有花蕾的植株摆进过于温暖的房间，花蕾会立刻变黄。正在开花的植株的花朵也可能立刻凋谢。

即使把带有花蕾的植株搬进暖房，也要摆在体感有点儿冷的地方，并让植株能隔着玻璃窗晒到充足的阳光，同时避免缺水，这样就能开出美丽的花朵了。而且，这样开出的花花期也特别持久。想把植株摆进客厅观赏时，可以等到花蕾完全绽放后再转移。

2 月的石斛

在温度带 2 的环境中栽培的石斛组与澳洲石斛组品种开始开花了。而摆放在温度带 1 的石斛组品种，有的可能一口气蹿出了新芽。即使在温暖的房间里，此时的澳洲石斛组品种也难以萌生新芽。垂茎组、顶叶组品种没有什么明显的变化。

贝拉玛丽（Bella Maree）是美丽石斛类型（Formosum type）（假鳞茎上生有黑色茸毛）的小型杂交种。花期特别持久，能够观赏很长一段时间。株高为 20~30cm。

主要工作

基本 调整支柱

在花蕾长大前进行

根据需要，调整支柱位置，用塑料绳牢牢固定，让开花时的植株更加好看。

管理要点

✿ 石斛组

❄ 摆放：日照充足的室内窗边（参见第 80 页）

温度带 1 的植株正在开花，温度带 2 的植株刚开始开花。这是植株最为敏感的时期，在花朵盛开之前要避免移动植株。此外，也要注意避免植株直接吹到暖风。温度带 3 的植株的花蕾还没有生长。

浇水：在栽培基质完全干燥前

以 1 月为准（参见第 39 页）。一旦假鳞茎起皱，就说明植株缺水了，要稍微增加浇水的次数与浇水量。

施肥：不需要

本月的管理要点

❄ 日照充足的室内窗边

🪣 栽培基质完全干燥前浇水。如果有生长中的花蕾与花芽，应增加浇水量

🎲 不需要

🦠 介壳虫

🌸 澳洲石斛组

❄ **摆放：日照充足的室内窗边**（参见第80 页）

以石斛组为准。温度带 2 的植株开始开花了。

🪣 **浇水：在栽培基质完全干燥前**

以石斛组为准。在充分浇水的情况下，花蕾依然掉落，原因可能是室温过高或暖风直接吹在了花蕾上。

🎲 **施肥：不需要**

🌸 垂茎组

❄ **摆放：日照充足的室内窗边**（参见第80 页）

以石斛组为准。用晾衣架等工具把它们悬挂在窗边。植株较之前没有明显的变化。

🪣 **浇水：在栽培基质完全干燥前**

以石斛组为准。如果室温偏低或浇水不足，有的植株会提前落叶。这是自然现象，无须担心。

🎲 **施肥：不需要**

🌸 顶叶组

❄ **摆放：日照充足的室内窗边**（参见第80 页）

以石斛组为准。植株较之前没有明显的变化。

🪣 **浇水：在栽培基质完全干燥前**

以石斛组为准。

🎲 **施肥：不需要**

病虫害的防治

介壳虫（参见第 91 页）

检查假鳞茎、根部、叶片背面等位置，一旦发现介壳虫，立刻用杀虫剂杀虫。

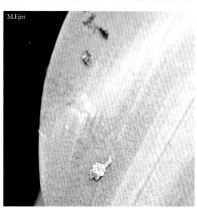

潜藏在叶片背后的一种粉介壳虫。身体上裹着一层白色的蜡状物质。

基本 基础工作

挑战 适合中级、高级栽培者的工作

---

3 月的石斛

在温度带 2 的环境中栽培的石斛组品种迎来了开花的鼎盛期，澳洲石斛组品种正在开花，垂茎组品种的花蕾开始从茎节上膨胀起来。从上一年的 12 月开始，顶叶组品种的株姿几乎没有变化，它们就这样度过了冬季。在温度带 3，石斛组品种开始慢慢开花，但其他类型的品种没有明显变化。

杉山靖子"三月"（Yasuko Sugiyama 'March'）的花色整体为暖黄色系，中间是红褐色的斑纹。花瓣厚，花期持久。株高为 40~50cm。

主要工作

基本 摘残花

摘掉开完的花朵

石斛组、澳洲石斛组品种都会开出大量花朵，且花朵很少一起凋谢，而是一朵朵地枯萎。在盛开的美丽花朵中，留有枯萎的花朵，一点儿也不美观，可以用指尖摘除开始枯萎的花朵，或用消毒后的细刃剪刀将其一朵朵剪掉。即使留下残花，也不会影响植株生长，但残花可能会成为意想不到的疾病源头。

只剪掉变丑的花朵。

剩下的花朵还能再观赏一阵子。

本月的管理要点

❄ 日照充足的室内窗边

💧 栽培基质完全干燥前。根据升温情况来增加浇水量

▦ 不需要

🐛 蚜虫、蓟马、蛞蝓

管理要点

✳ 石斛组

❄ **摆放：室内。从下旬开始可以摆在室外**

以1月为准（参见第38页），开完花的植株可从下旬开始摆到室外。开花期间无须在意日照，因此可以将植株摆放在室内尽情观赏。

💧 **浇水：配合升温增加浇水量**

气温开始缓缓上升，需根据升温情况逐渐增加浇水量。在栽培基质还有一点潮湿时，就为植株充分浇水。如果还有要开花的花蕾，则稍微多浇点儿。

▦ **施肥：不需要**

✳ 澳洲石斛组

❄ **摆放：室内。从下旬开始摆在室外**

开完花的植株可从下旬开始摆在室外。

💧 **浇水：在栽培基质完全干燥前**

以1月为准（参见第40页），但需要根据升温情况来增加浇水量。

▦ **施肥：不需要**

✳ 垂茎组

开始落叶后，几乎所有品种的叶子都是一口气掉光。需要认真清除落叶。

❄ **摆放：日照充足的室内窗边**（参见第80页）

💧 **浇水：在栽培基质完全干燥前**（参见第40页）

▦ **施肥：不需要**

✳ 顶叶组

❄ **摆放：日照充足的室内窗边**（参见第80页）

💧 **浇水：在栽培基质完全干燥前**（参见第40页）

▦ **施肥：不需要**

病虫害的防治（参见第90~93页）

蚜虫

这一时期，蚜虫容易出现在花蕾和花芽上。一旦发现蚜虫，立即喷洒对应的杀虫剂。

蓟马

如果花瓣的重叠处变成了茶色，这正是蓟马造成的，需使用对应的杀虫剂。

蛞蝓

室外植株的新芽上会出现蛞蝓，需要注意。

1月
2月
3月
4月
5月
6月
7月
8月
9月
10月
11月
12月

45

4 月

基本 基础工作
挑战 适合中级、高级栽培者的工作

本月的主要工作

基本 摘残花
基本 换盆、分株
挑战 板植
挑战 采集高芽
挑战 压条

基本 基础工作
挑战 适合中级、高级栽培者的工作

4 月的石斛

冬季在温暖房间里栽培的石斛组与澳洲石斛组品种花期差不多结束了，基部开始萌生新芽。垂茎组品种迎来了开花期，同时长出了新芽。顶叶组品种的花芽即将发育起来。

冬季在低温房间里栽培的石斛组与澳洲石斛组品种，此时才开始开花。垂茎组品种的绿色叶片会突然变成棕色并掉落。

奇异王"樱子"（Specio-kingianum 'Sakurako'）是强健的原生种一代杂交种。该品种株姿紧凑，能开出淡粉色的花朵。株高为 20~25cm。

主要工作

基本 摘残花（参见第 44 页）

开败的花朵，用指尖将其摘除，或用消毒后的细刃剪刀一朵朵剪掉。

基本 换盆、分株（参见第 49~57 页）

几年一次

数年种在同一个花盆里的植株，当其长满花盆时，就有必要进行换盆或分株了。本月是石斛组、澳洲石斛组品种的换盆、分株最佳期。

挑战 板植（参见第 58 页）

可以让小型石斛组和垂茎组品种附生在软木、椰砖上。

挑战 采集高芽（参见第 62、63 页）

芽从假鳞茎的节上长出来，采集小型植株上的高芽，可以增加植株数量。

挑战 压条（参见第 59 页）

把剪断的假鳞茎横在水苔上，节处将形成新芽，可增加植株数量。

本月的管理要点

❄ 从室内移到通风良好的室外

💧 在栽培基质干燥前。根据开花、生长状况来增加浇水量

🪴 石斛组：于下旬施放置型肥料

🐛 蚜虫、蓟马、蛞蝓

管理要点

✳ 石斛组

❄ **摆放：摆到室外栽培**

　　将开完花的植株、换完盆的植株摆到通风良好的室外（参见下方内容）。为摆放处架上遮光网，避免烈日直晒。

💧 **浇水：配合升温情况慢慢增加浇水量**

　　春季的气温还不稳定，因此，需要根据气温情况来调节浇水量。气温高的时候，充分浇水；气温低的时候，即便是晴天，也不用浇水。

🪴 **施肥：施放置型肥料（固体肥料）**

　　到了气温大幅上升的 4 月下旬后，需要在植株基部放置固体有机肥料（质量分数：氮元素 4%、磷元素 6%、钾元素 2%）。

基本 **室外的摆放**　　适宜时期：4—10月

通风良好的室外向阳处

　　在洋兰（热带兰）中，石斛属于特别喜欢阳光的一类，所以要选择室外通风良好，并且早上至傍晚有长时间日照的地方摆放。如果直射阳光太强烈了，一定要为植株罩上园艺遮光网，避免烈日直晒。遮光网需使用遮光率为 35%~40% 的。

　　花盆不要直接放在地面上，必须布置一个高度为 50~60cm 的台座，再把花盆摆在上面。另外，遮光网的高度至少要比植株顶部高 1m。侧面也要安装遮光网，以防止阳光斜射进来。

NP-T:Narikiyo

✿ 澳洲石斛组

摆放：从室内移到室外

　　将开完花的植株、换完盆的植株摆到通风良好的室外（参见第 47 页）。

浇水：完全干燥时充分浇水

　　与石斛组品种相比，澳洲石斛组品种新芽萌发的时期略晚，所以在这个季节，当栽培基质完全干燥后充分浇水。选择在天气好、温度高的日子浇水。

施肥：不需要

✿ 垂茎组

摆放：从室内移到室外

　　将开完花的植株摆到通风良好的室外（参见第 47 页）。

浇水：完全干燥时充分浇水

　　在花朵盛开前，千万不要让植株缺水。由于许多垂茎组品种都被种在小号花盆里，所以栽培基质干燥得快，需要留心观察。花期结束时，新芽会开始生长，因此要用心浇水防止栽培基质干透。

施肥：不需要

✿ 顶叶组

摆放：室内（参见第 80 页）

浇水：完全干燥时充分浇水

　　花蕾长出后，稍微增加浇水量，并注意避免栽培基质极度干燥。

施肥：不需要

病虫害的防治（参见第 90~93 页）

蚜虫

　　出现在花蕾与花芽上。蚜虫不仅影响美观，还可能带来疾病，所以一旦发现它们，就立即喷洒对应的杀虫剂。把植株搬到室外后再喷洒药剂。

大明石斛的花朵上出现了大量的蚜虫。蚜虫繁殖迅速，仔细观察植株，趁数量不多时尽快驱虫。

蓟马

　　如果花瓣的重叠处变成了茶色，这可能是蓟马造成的。需使用对应的杀虫剂。

蛞蝓

　　蛞蝓喜欢啃食刚冒出的新芽。一旦新芽被蛞蝓伤害，其生长便会受到严重影响。一旦发现蛞蝓，立即在周围喷洒杀蛞蝓药剂。

基本 换盆、分株 | 适宜时期：4 月至 5 月中旬

2~3 年一次，于春季进行

如果长期把石斛种在同一个花盆里，根系会布满盆内，植株生长状况逐渐变糟。如此一来，植株就难以开花了。因此，有必要定期（2~3 年）换一次盆。

换盆的适宜时期为 4 月至 5 月中旬。在植株基部开始萌发新芽时换盆，有利于植株的顺利生长。要是换晚了，等到新芽长大后才换盆，那么植株这一年的生长状况会变糟，几乎长不大，有时甚至开不出花。

花期结束后，植株基部开始冒出新芽，正值换盆的最佳时期。

更换大花盆的换盆，
让植株变小的分株

换盆分为两种方式，一种是把现在的花盆换成大一两圈的花盆（扩盆）；另一种是分株，即把长大的植株分成几棵小株。操作方法请参见第 50~57 页，关于栽培基质、花盆、工具的介绍请参见第 84、88 页。

垂茎组品种老的假鳞茎和新芽紧挨在一起，所以难以进行分株，换盆时只能将花盆更换成大花盆，把植株养大。顶叶组品种的植株长大后开花会更震撼，因此换盆时，仅需为长得特别大的植株分株，可以尽量把植株养大些。

专栏

假如植株在换盆适宜期开花了

如果在冬季寒冷的屋子里栽培石斛，植株有可能到了 4 月才开花。要是在 5 月中旬前开完花了，倒可以立即换盆。若是花期推迟到下旬，就得提前剪掉花朵，优先换盆。假如您耽于赏花而错过了换盆期，可能会影响到植株这一年的生长状况。

如果冬季在暖和的屋子里栽培石斛，可提前到 3 月下旬开始换盆。

换盆（用水苔种植时）

例：石斛组

关于水苔的介绍请参见第 84 页

1

需要换盆的植株

对于开始生长的新芽而言，育苗盆太小了，因此需要换盆。

2

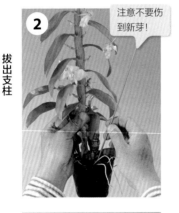

注意不要伤到新芽！

拔出支柱

摘掉固定支柱的塑料绳，拔出支柱。

3

摘除花朵

把剩下的花朵『含残花』全部剪掉。

4

从育苗盆中拔出根球

这棵植株的根系健康，扩张状态好，水苔的损伤也很少。

5

修剪根球

用剪刀在底部剪去根球的 1/3。

6

用手弄散水苔

如果根系牢牢纠缠在一起，可以把剪刀竖着插进根球来修剪。

7

去掉根之间的水苔

适度弄散根球后，用镊子去除水苔。稍微弄断一点儿根也没有关系。

8

去掉损伤的水苔

去掉表面覆盖着藻类的水苔以及腐烂的水苔。

9

中心的水苔不用去除

把水苔减少成这个程度即可。中心的水苔不用去除。如果水苔有损伤，就全部去掉。

10

种进大一圈的陶盆

使用比原盆大一圈的陶盆（左边）。右边的陶盆太大了。水苔适合在容易干燥的陶盆中使用。

专栏

为什么要种在偏小的花盆里

像石斛这样的附生兰，栽培基质反复经历干燥、湿润的过程，才能使其根系茁壮生长，植株才能生长旺盛。为了让栽培基质在浇水后迅速干燥，需要用对植株而言偏小的花盆。

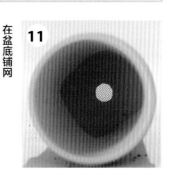

11

在盆底铺网

最好在盆底铺网，以防虫子从底孔钻进来。

15 把水苔塞进花盆

石斛组品种会朝各个方向萌生新芽，因此要把植株种在花盆中央。

12 用水苔包根

均匀地为根部包上新水苔。使水苔纤维的朝向一致，包上第一圈。

13 继续包水苔

把垂下去的水苔包上来，让根球横向变饱满。底部不怎么缠。

盆底稍微留点儿空间。

14 比花盆还要大一圈

为根部包上水苔，直到根球比花盆的直径还要大一圈。

专栏

不要太硬，也不要太软

用水苔种植时，如果水苔包得太少，根球太松软，植株就会摇晃，水也干得快。如果根球太硬，水不易渗入。植株不会摇晃的合适的根球硬度，有助于植株生长。

16

用木棍把水苔压到花盆口边缘以下

用木棍等工具把水苔压到花盆口边缘以下。使水苔表面距盆口边缘的距离约为手指第一节的长度。

1月

2月

3月

4月

5月

6月

7月

8月

9月

10月

11月

12月

专栏

不要埋住新芽

包水苔、种植时，注意不要将植株种深了。一旦把植株基部埋在水苔下面，开始生长的新芽就有可能腐烂。用混合堆肥等种植时也是如此。

17

整理表面

用镊子整理水苔表面。

18

换盆完成

如果植株无法自立，就用支柱将其固定。

种植的位置与深度

植株位于花盆中央，种完后能看见根部与假鳞茎的交界处。

为了使新芽长在花盆中央而把植株种偏了。

植株基部比花盆边缘还高，露出了根系。

基本 **换盆**（用混合堆肥种植时）

例：澳洲石斛组

关于混合堆肥的介绍请参见第 84 页

1

需要换盆的植株

根系布满了育苗盆，新芽没有了生长空间，因此需要换盆。

2

用橡胶锤敲打育苗盆边缘

当根系布满育苗盆，难以拔出时，先用橡胶锤敲打花盆边缘。

4

修剪根球

用剪刀在底部剪去根球的 1/3。

5

为根球增加缝隙

根系紧紧缠绕在一起，得增加 2~3 条纵向缝隙，以便于去掉混合堆肥。

3

揉挤育苗盆

揉挤育苗盆，将根球拔出来。

6

去掉混合堆肥

一边弄散根系，一边去掉混合堆肥。稍微弄断一点儿根也没有关系。

7

选稍微大一点儿的花盆

为澳洲石斛组品种准备大两圈的花盆，换盆时把最新长的假鳞茎种在花盆中央。

> 关于种植深度：令根部与假鳞茎的分界处（图中所指位置）比花盆边缘低一节手指的距离即可。浇水时，这一部分空间将成为临时的贮水空间。

8

加入混合堆肥

在植株周围加入混合堆肥，并用木棍等工具压实。混合堆肥比水苔容易干燥，所以适合在塑料盆中使用。

9

用手指按压

混合堆肥不会太紧实，所以再用手指压一压。

10

拎起植株确认一下

把植株拎起来，如果花盆没有掉下去，就没问题了。

11

充分浇水

及时充分浇水。

分株优先于开花

在5月中旬前花期已结束，就能立刻进行换盆。如果花期结束得晚，就要提前剪掉花朵，优先换盆。

剪掉全部花朵

用消毒后的剪刀在花序的根部剪掉全部花朵。有支柱的话，就将其拔掉。

用橡胶锤敲打花盆边缘

当根系布满花盆，难以拔出来时，先用橡胶锤敲敲打花盆边缘。

从花盆中拔出根球

由于过了5~6年，水苔几乎都腐烂了，根系也有伤痕（白色物体是泡沫块）。

分株

找到容易分离的部位，扯开植株以进行分株（上图）。这盆植株被分成了三份（下图）。

6 去除枯萎的假鳞茎

去除枯萎的假鳞茎。如果有高芽，同样也将其去掉（高芽的采集参见第62、63页）。

7 剪掉受伤的根

把旧水苔去除干净后，再剪掉受伤的、腐烂变黑的根。

8 选择小花盆

根系变少了，应将植株种进尽可能小的花盆（左盆）里。

9 用水苔包根

为根部包裹水苔，直到根球比花盆的直径还要大一圈（参见第52页）。

10 把植株种进花盆

把植株种进花盆，再用木棍、镊子整理水苔（参见第53页）。

11 种植完成

把栽培的重心放在根系的恢复上，待1年后根系长结实了，再将植株转移至大一点儿的花盆中。

板植

例：石斛组（岩须石斛，参见第23页）

适宜时期：4月至5月中旬

板植是让小型石斛组、垂茎组品种附生在软木、椰砖、木板等上面的栽培方法。在完全附生前，植株会有点儿虚弱，需要2年左右才能恢复活力，但此后10年都可以不换盆。另外，开花时的板植植株和盆栽很不同。因此板植是一种挑战起来也很有趣的栽培方法。

3 进行板植

将植株放在软木上，用铝线等不显眼的工具把它牢牢捆在上面。

1 移栽植株

准备盆栽植株与软木。使植株附生的理想时期是花期刚结束时。

2 修剪根球，令其散开

从花盆中拔出根球，在底部剪去根球的1/3（上图）。弄散剩余的根球底部，令其散开（下图）。

4 完成板植

石斛组品种，可以放在平坦的地方；垂茎组品种，必须用钩子挂起来管理。

板植后的管理

与盆栽植株一样，将板植植株摆在遮光的地方，每天浇水以防干燥。根系开始生长后，直到7月底，每周施1次液体肥料。

板植后约2个月，植株长出了白色新根。

M.Ejiri

挑战 **压条**

例：石斛组

适宜时期：4月
至5月中旬

这里说的压条法是一种用开完花的假鳞茎来繁殖植株的方法。把剪下来的假鳞茎横放在水苔上，2个月左右节上就会同时长出新芽与根系，并于秋季前发育为小苗。只要管理得当，新植株大概3年就能开花。

采集假鳞茎

从基部剪断开完花的假鳞茎。

使用没有开花的部分

开花的节不会形成芽与根，因此使用假鳞茎的底部（手指所示的部分）。

将假鳞茎横放在水苔上

把水苔铺在广口花盆里，让假鳞茎横躺在上面。

压条后的管理

放在明亮的背阴处管理，避免水苔干燥。待假鳞茎冒出新芽与根系并长成小苗后，在当年秋季至来年春季将其一棵棵种进花盆里。之后的管理方式与成株相同。

大约过去了50天，节上开始萌生新芽。

大约过去了3个月，根系伸长了，还长出了2枚叶片。

本月的主要工作

基本 摘残花

基本 换盆、分株

挑战 板植

挑战 采集高芽

挑战 压条

---

5 月的石斛

大多数石斛组与澳洲石斛组品种花期都结束了，开花稍晚的植株也会在下旬开完花。石斛组品种的新芽茁壮生长，澳洲石斛组品种的新芽也会在中旬左右开始慢慢萌发。垂茎组品种的花是同时开的，因此新芽也几乎同时开始冒出来。顶叶组品种开始长出带有饱满花蕾的花序，且好似转眼间就开花了。

灿烂笑容"帝王"（Brilliant Smile 'Imperial'）。亮粉色的大型花朵，拥有活泼的黄色斑纹。株高为 40~50cm。

主要工作

基本 摘残花（参见第 44 页）

摘掉开完的花朵。

基本 换盆、分株（参见第 49~57 页）

不管您栽培了哪种类型的石斛，花期一结束就要立刻换盆。如果花要开到下旬，就提前将花剪掉，优先换盆。假如您耽于赏花而错过了换盆期，可能会影响到植株这一年的生长状况，因此必须在 5 月完成换盆。

挑战 板植（参见第 58 页）

小型石斛组、垂茎组品种都可板植。

挑战 采集高芽（参见第 62、63 页）

高芽可以用于繁殖植株。需要摘除从假鳞茎节上长出的高芽。

挑战 压条（参见第 59 页）

把剪断的假鳞茎横放在水苔上，等待发芽、生根。

本月的管理要点

- ❄ 从室内移到通风良好的室外
- 💧 在栽培基质干燥前。根据升温情况来增加浇水量
- ❋ 从没有换盆的植株开始施肥
- 🐛 蛞蝓

管理要点

❋ 石斛组

❄ **摆放：搬到室外栽培**

将开完花的植株、换完盆的植株摆在通风良好的室外。一定要为摆放处架上遮光网，以避免烈日直晒（参见第47页）。

💧 **浇水：根据升温情况慢慢增加浇水量**

气温高的时候充分浇水；气温低的时候，即便是晴天，也不用浇水。

❋ **施肥：同时使用固体肥料与液体肥料**

开始为无须换盆的植株施肥。先在植株基部放置固体有机肥料，之后每周施一次液体肥料。对于换过盆的植株，在换盆后的3~4周里都不要施肥。待到新根冒出时，停止活动的新芽也会开始生长。观察到这一现象后，再开始施肥。

❋ 澳洲石斛组

❄ **摆放：从室内移到室外**

将开完花的植株、换完盆的植株摆在通风良好的室外（参见第47页）。

💧 **浇水：在栽培基质湿润的时候充分浇水**

确认新芽萌发后，增加浇水量。不要等到栽培基质干燥后浇水，而应在栽培基质还湿润时就浇水。

❋ **施肥：同时使用固体肥料与液体肥料**

长假（在日本，5月1日前后连休多日）一结束就开始施肥。

❋ 垂茎组

❄ **摆放：从室内移到室外**

将开完花的植株摆在室外，悬挂在通风良好的位置（参见第47页）。

💧 **浇水：在栽培基质湿润的时候充分浇水**

花期刚结束，新芽会突然迅速生长。观察到这一现象后，不要等到栽培基质干燥后浇水，而应在栽培基质还湿润时浇水。5—9月，无须等到栽培基质干燥后浇水，平常也要积极地浇水。

❋ **施肥：同时使用固体肥料与液体肥料**

新芽刚萌发就开始施肥。

✿ 顶叶组

❄ 摆放：**从室内移到室外**

这一时期可以把花盆移到室外，且此时的植株已开出了花朵。顶叶组品种的花期较短，所以含苞待放的植株就摆在室内日照充足的窗边观赏吧，待花期一结束，再将其摆到室外（参见第47页）。

💧 浇水：**栽培基质干燥前充分浇水**

花蕾长大后充分浇水。避免栽培基质干燥。

▦ 施肥：**同时使用固体肥料与液体肥料**

当植株被移到室外时开始施肥。

病虫害的防治

蛞蝓（参见第91页）

蛞蝓喜欢啃食新芽，一经发现，请立即用杀蛞蝓药剂。

即将开花时，四角石斛的花蕾遭到了蛞蝓啃食。

挑战 **采集高芽**

例：石斛组

适宜时期：4月至5月中旬

假鳞茎节上长出的能培育成幼株的芽为高芽。当高芽的长度达到3~4cm，长出了三四条新根时，就可以将其剪下来用于繁殖了。采集高芽的适宜时期为4—5月，但其实在9月前都可进行此操作。

准备种植床

在陶盆底加入瓷盆碎片（上图），然后铺上水苔（下图）。

从假鳞茎上摘下高芽

捏住生根的高芽，从假鳞茎上向下摘掉它。注意不要剥掉假鳞茎的皮。

3

用水苔包根

为高芽的根部包裹水苔。

5

整理水苔

整理水苔的表面，以避免萌芽的部位被埋住。

6

种植完成

4

塞进花盆

把包好水苔的高芽塞进花盆。3号盆大约可以塞5个高芽。

种植高芽后的管理

采用和各种类型的成株相同的方式管理，1个月左右幼株便能冒出新芽。图中为种植约2个月（6月下旬）的植株，部分植株开出了花朵。

M.Ejiri

6月

基本 没有特别需要注意的

基本 基础工作

挑战 适合中级、高级栽培者的工作

6月的石斛

若在春季换了盆，所有类型的植株都会变得消瘦一些。这是因为新根还未充分生长，植株在消耗体内水分的同时，还要让新芽与新根生长。此时您可能会有点儿担心，但这是正常状态。新芽开始活动，就是盆内根系开始生长的信号。

石斛组与垂茎组品种没有掉落的叶片可能会变黄、脱落，这没什么问题，不用担心。

华美淑女"皇家公主"（Fancy Lady 'Royal Princess'）。整片花瓣略带黄色，所有花瓣的末端都有褶皱。株高为40~50cm。

管理要点

✿ 石斛组

❄ 摆放：**通风良好的室外遮光处**（参见第47页）

▦ 浇水：**避免栽培基质干燥**

进入梅雨期后雨水变多，可直接利用雨水栽培。即使在没有雨的阴天，也必须充分浇水。

▦ 施肥：**更换放置型肥料（固体肥料）**

5月时在植株栽培基质表面放置了固体有机肥料的话，从那时算起，1个月后（若使用了肥效期长的肥料，根据其肥效期来定时间），将肥料更换成新的固体有机肥料。每周施1次液体肥料，且应在雨停的时候施肥。在5月换了盆的植株，从本月开始施肥。

✿ 澳洲石斛组

❄ 摆放：**通风良好的室外遮光处**（参见第47页）

本月阴雨连绵，让人想摘掉遮光网，但梅雨期晴天的日光强烈，一旦摘掉遮光网，叶片就有可能被晒伤，所以请继续使用遮光网。

本月的管理要点

❄️ 通风良好的室外遮光处

💧 避免栽培基质干燥。可以淋雨

⚙️ 同时使用固体肥料与液体肥料

🐛 蛞蝓

❄️ **浇水：避免栽培基质干燥**

以石斛组为准。

⚙️ **施肥：更换放置型肥料（固体肥料）**

以石斛组为准。

✳️ 垂茎组

❄️ **摆放：通风良好的室外遮光处**（参见第47页）

将植株悬挂在遮光网下面栽培。可以让植株充分接触到梅雨期的雨水。

💧 **浇水：避免栽培基质干燥**

以石斛组为准。

⚙️ **施肥：更换放置型肥料（固体肥料）**

以石斛组为准。

✳️ 顶叶组

❄️ **摆放：通风良好的室外遮光处**（参见第47页）

选择能让植株能充分经受风雨的位置。

💧 **浇水：避免栽培基质干燥**

以石斛组为准。

⚙️ **施肥：更换放置型肥料（固体肥料）**

以石斛组为准。

病虫害的防治

蛞蝓（参见第91页）

梅雨期，蛞蝓变得活跃起来，新芽容易遭到啃食。虽然垂茎组品种是挂起来栽培的，看似能够幸免于难，但还是会招来蛞蝓，所以需要注意。

杀蛞蝓药剂的使用方法

一旦发现蛞蝓啃食的伤口，植株或花盆上蛞蝓爬过的痕迹，就要在周围喷洒杀蛞蝓药剂。悬挂栽培时，需在植株基部稍微喷一点儿杀蛞蝓药剂。

遇到雨水后，药剂会被稀释，应在雨停的阴天喷药。或者如下图所示，把空塑料瓶的两头剪掉，在瓶里放入杀蛞蝓药剂，再将此简易装置放在植株周围。只要放置一晚，就能有效驱除蛞蝓。

基本 基础工作

挑战 适合中级、高级栽培者的工作

7 月的石斛

石斛组与垂茎组品种的新芽茁壮生长。在这个时期,新芽要是伸得足够长,便能在秋季发育为粗大的假鳞茎。在这个时期,浇水量多,新芽的生长状况就好,因此要充分浇水。

澳洲石斛组与顶叶组品种开始正式萌发新芽。

白宝石(White Jewel)开明亮的白色中型花朵,花瓣末端有一点儿淡淡的粉色。株高为 30~40cm。

主要工作

基本 除草

趁盆内的杂草尚未长大时尽早除草。夏季盆栽中容易长杂草,若在其他季节长了杂草,也应尽快去除。

M.Ejiri

用镊子夹住草根,将其直接拔出。

管理要点

✽ 石斛组

❋ 摆放:**通风良好的室外遮光处**(参见第47页)

进入酷暑时期后,气温上升,可能会出现叶片被晒伤的情况。所以在盛夏时期可以多加一层遮光网。

本月的管理要点

☀ 通风良好的室外遮光处

🌊 每天充分浇水，还要为叶片浇水

🔲 同时使用固体肥料与液体肥料

🐛 蛞蝓、红蜘蛛

1 月

2 月

3 月

4 月

5 月

6 月

7 月

8 月

9 月

10 月

11 月

12 月

🌊 **浇水：避免栽培基质干燥**

在这一时期植株非常需要水分。每个晴天或阴天的早上都必须充分浇水。平时要让新鲜的水渗透栽培基质，防止干燥。

一旦进入出梅（梅雨期结束）后的高温期，就应在上午和下午为叶片浇水（叶水）。如此能防止植株"中暑"与叶片被晒伤。当天气预报说当天为热带夜[⊖]时，傍晚也得为叶片浇水，并向花盆摆放处的周围地面洒水。如果四周有树木，也为树木浇水，这样能在一定程度上降低夜晚植株周围的温度，防止植株"中暑"。

为叶片浇水

在气温上升的上午 10:00—11:00，用水壶像淋浴一样为整棵植株浇水。这样受热的叶片就能降温，可防止叶片被晒伤。如果高温一直持续到午后，可以在下午 2:00—3:00 再浇一次水。

🔲 **施肥：同时使用固体肥料与液体肥料**

6 月更换过固体有机肥料的植株，在更换后的 1 个月后（若使用了肥效期长的肥料，根据其肥效期来定时间），将肥料再更换一次。这是今年最后一次使用固体有机肥料。本月继续每周施 1 次液体肥料。

为叶片浇水。把细孔花洒头装在水壶上，给整棵植株进行"淋浴"。

⊖ 在日本，热带夜指最低气温高于 25℃的夜晚。

✿ 澳洲石斛组

❄ **摆放：通风良好的室外遮光处**（参见第47页）

🔅 **浇水：避免栽培基质干燥**

以石斛组为准。要为叶片浇水。

🔲 **施肥：同时使用固体肥料与液体肥料**

以石斛组为准。

✿ 垂茎组

❄ **摆放：通风良好的室外遮光处**（参见第47页）

将植株悬挂在遮光网下面栽培。通风对垂茎组品种来说十分重要。

🔅 **浇水：避免栽培基质干燥**

由于是悬挂栽培的，所以栽培基质干燥得特别迅速。每天都要浇水，在高温的大晴天可以1天浇2次水。盛夏温度非常高时，1天为叶片浇2次水。午后为叶片浇水时，可以浇跟早上时一样多的水。如果植株是种在陶盆里的，理想的浇水状态是使花盆表面长出一点儿青苔。

🔲 **施肥：同时使用固体肥料与液体肥料**

以石斛组为准。

✿ 顶叶组

❄ **摆放：通风良好的室外遮光处**（参见第47页）

选择能让植株充分经受风雨的位置。进入酷暑时期后，气温上升，植株可能会出现叶片被晒伤的情况。所以在盛夏时期可以多加一层遮光网。

🔅 **浇水：避免栽培基质干燥**

以石斛组为准。

🔲 **施肥：同时使用固体肥料与液体肥料**

以石斛组为准。

病虫害的防治（参见第90~93页）

蛞蝓

本月需继续留心蛞蝓给植株造成的伤害。

红蜘蛛

红蜘蛛（学名为叶螨）会出现在盛夏的高温干燥期。如果叶片背面泛白了，就有可能是红蜘蛛啃食的痕迹。即使没有发现虫子，也要喷洒杀螨剂。

被红蜘蛛伤害的叶片。尽管红蜘蛛已不见踪影，但叶片背面的汁液都被它们吸走了，这部分叶片的细胞已经死亡，看起来像蒙了一层白霜。

细茎石斛——日本的本土石斛

细茎石斛是日本本土的小型石斛。它附生在树木上，广泛分布于本州至四国、九州，最北可到宫城县北部一带。

细茎石斛的日文名字是由中文中的"石斛"音译而来的。在中国，石斛是石斛属植物的统称，但这个名字传进日本时，日本只有细茎石斛，所以石斛等同于细茎石斛，并在日本成了通用的名字。

在中国，石斛最早被用于中药，因此它是作为药材传入日本的。1831年之后石斛才被人们视为观赏植物。可能因为石斛属于长寿植物，也可能因为它与延年益寿的中药有关，它在江户时代（1603—1868）叫"长寿兰"，颇受达官显贵喜爱。当时人们不太重视石斛的花朵，主要欣赏它们的株姿、稀奇古怪的叶片等。据说，进入明治时期（1868—1912）后，平民百姓才得以在日常生活中欣赏石斛。

在植物分类学里，日本原产的细茎石斛是全球1000多种石斛的模式种（type species），也是石斛分类的基本种。

现在，除了将石斛作为古典植物长寿兰来欣赏的花友，还有越来越多把细茎石斛归入洋兰中欣赏的花友。在日本石斛的杂交育种特别流行，20世纪70年代中期开始，石斛组品种变得热门起来，随后细茎石斛与石斛组品种的杂交种不断更新，从此形成了一个独特的迷你石斛世界。

细茎石斛是日本的本土石斛。图中是日本高尾山缆车（东京都八王子市）清泷站内盛开的细茎石斛。（高位登山电铁提供）

作为传统园艺植物而颇负盛名的"昭代"。

NP-M.Tsutsui

本月的主要工作

基本 除草

基本 基础工作

挑战 适合中级、高级栽培者的工作

8月的石斛

所有类型的石斛的新芽都在茁壮生长。此时新芽生长以伸长为主，还没有开始变粗。

在8月的高温期，新芽萌发晚的澳洲石斛组与顶叶组品种的芽会一下子变长。如果日照不充足，新芽会变得虚弱、弯曲，因此需要注意。

乡村女孩"童谣"（Country Girl 'Warabeuta'）生长旺盛，假鳞茎笔直挺立，开花性好，株高为30~40cm。

主要工作

基本 除草（参见第66页）

盆内的杂草会夺走栽培基质中的水分与养料，影响石斛生长。因此要尽早除草，使盆内保持干净状态。

管理要点

✿ 石斛组

❄ **摆放：通风良好的室外遮光处**（参见第47页）

进入酷暑时期后，气温上升，叶片可能会被晒伤。所以在盛夏时期可以多加一层遮光网。

💧 **浇水：避免栽培基质干燥**

这个时期植株非常需要水分，必须在每个晴天或阴天的早上为其充分浇水。另外，在上午和下午分别为叶片浇1次水（参见第67页）。

⊞ **施肥：不需要**

从本月起，无须施肥。

本月的管理要点

❄ 通风良好的室外遮光处

💧 每天充分浇水，还要为叶片浇水

▨ 不需要

🎲 红蜘蛛、蛞蝓

✳ 澳洲石斛组

❄ **摆放：通风良好的室外遮光处**（参见第47页）

💧 **浇水：避免栽培基质干燥**

以石斛组为准。要为叶片浇水。

▨ **施肥：不需要**

从本月起，无须施肥。

✳ 垂茎组

❄ **摆放：通风良好的室外遮光处**（参见第47页）

将植株悬挂栽培。通风对垂茎组品种来说十分重要。

💧 **浇水：避免栽培基质干燥**

每天都要浇水，在高温的大晴天可以1天浇2次水。盛夏温度非常高时，一天为叶片浇2次水。

▨ **施肥：不需要**

从本月起，无须施肥。

✳ 顶叶组

❄ **摆放：通风良好的室外遮光处**（参见第47页）

可以多加一层遮光网。

💧 **浇水：避免栽培基质干燥**

以石斛组为准。

▨ **施肥：不需要**

从本月起，无须施肥。

病虫害的防治（参见第90~93页）

红蜘蛛

在持续的高温干燥期会出现红蜘蛛。

蛞蝓

一旦发现蛞蝓啃食的伤口，植株或花盆上蛞蝓爬过的痕迹，就要在周围喷洒杀蛞蝓剂。

瓦伦西亚列蛞蝓（*Lehmannia valentiana*）。白天潜伏在花盆下面等处，一到夜里就开始活动。

71

9月

本月的主要工作

基本 立支柱

基本 应对台风

基本 基础工作

挑战 适合中级、高级栽培者的工作

9月的石斛

进入9月后气温开始下降，假鳞茎的生长进入了饱满期。石斛组、垂茎组品种从基部冒出的新芽开始不断变粗，芽梢也在一点点地继续伸长。澳洲石斛组品种的基部会慢慢变粗，同时新芽茁壮生长。顶叶组品种的新芽继续伸长，但依然纤细，没有变粗的迹象。

东方魔法"嘉年华"（Oriental Magic 'Carnival'）花朵上独特的橙色与黄色交织在一起，令人印象深刻，株高为50~60cm。

主要工作

基本 立支柱（参见第74、75页）

防止假鳞茎倒下

随着新芽（假鳞茎）的长大，石斛组品种的植株变得容易倒下。此时假鳞茎刚开始变粗，需要临时插上支柱，防止生长中的假鳞茎倒下。

基本 应对台风

保护植株免受强风伤害

植株一旦被强风吹倒，好不容易养大的假鳞茎可能会被折断或受伤。所以得下功夫防止植株被强风吹倒。台风来临前，把所有盆栽轻轻地放倒，等台风过境后再将它们立起来，这不失为一个好方法。而悬挂着的垂茎组等类型的植株，建议您将它们全部收进屋子里。

本月的管理要点

1月

✳ 通风良好的室外遮光处

🌙 每天充分浇水，要让植株淋雨。一旦夜晚温度开始下降，就减少浇水量

▫ 不需要

🐛 黑斑病、蛞蝓

2月

3月

管理要点

✳ 石斛组

✳ **摆放：通风良好的室外遮光处**（参见第47页）

如果在盛夏时期增加了遮光网，就把增加的遮光网摘掉吧。

🌙 **浇水：根据夜晚气温的降低情况来减量**

在上半月，还跟盛夏时期一样充分浇水。如果连续多晚气温低于20℃，就慢慢减少浇水次数。刚开始改成隔1天1次，在栽培基质还湿润时浇水。到了9月下旬，减少为2~3天1次水。即使减少浇水次数，也要根据情况在栽培基质没有干燥时进行下一次浇水。

▫ **施肥：不需要**

无须施肥。

✳ 澳洲石斛组

✳ **摆放：通风良好的室外遮光处**（参见第47页）

4月

5月

6月

7月

🌙 **浇水：夜晚气温降低后，隔1天浇1次水**

在上半月充分浇水。如果连续多晚气温低于20℃，就改成隔1天浇1次水。植株还在生长，所以要避免栽培基质过分干燥。

▫ **施肥：不需要**

无须施肥。

✳ 垂茎组

✳ **摆放：通风良好的室外遮光处**（参见第47页）

将植株悬挂栽培。通风对垂茎组品种来说十分重要。

🌙 **浇水：本月中旬后，隔1天浇1次水**

植株还在生长，因此在本月上旬每天都要浇水；中旬后改成隔1天浇1次水，且应避免栽培基质干燥。

▫ **施肥：不需要**

无须施肥。

8月

9月

10月

11月

12月

✿ 顶叶组

摆放：通风良好的室外遮光处（参见第47页）

如果在盛夏时期增加了遮光网，就把增加的遮光网摘掉吧。

浇水：夜晚气温降低后，隔1天浇1次水

以澳洲石斛组为准。在新芽生长期间，避免栽培基质干燥非常重要。

施肥：不需要

无须施肥。

病虫害的防治（参见第90~93页）

黑斑病

在空气湿度还高的时候，如果气温开始下降，新叶片上可能会出现黑色斑点。虽然此病对植株的生长影响不大，但还是为植株喷洒对症的杀菌剂吧。

感染黑斑病的鼓槌石斛。

蛞蝓

本月仍需继续留心蛞蝓。

基本 立支柱

例：石斛组

适宜时期：9月至来年2月

为了给石斛组与顶叶组品种调整株姿，让开花时的植株更加美丽，我们需要为植株立支柱。澳洲石斛组品种的假鳞茎能够自行挺立，无须支柱。垂茎组品种的植株能自然地笔直下垂，所以也不需要立支柱。不过，如果想让垂茎组品种像石斛组品种一样向上开花，就需要立支柱了。

1 待假鳞茎长大后立支柱

图中为需要立支柱的植株。有的假鳞茎已经倒下了（已经为当年开花的假鳞茎与一根新假鳞茎立了支柱）。

2 修剪铁丝支柱

根据假鳞茎高度来截断铁丝支柱。因为立完支柱后，假鳞茎还会略微伸长，所以应将支柱留长一点儿。

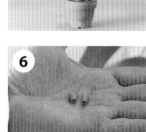

垂直插入支柱

牵引假鳞茎的支柱一定要垂直插入花盆，不要顺着假鳞茎斜插。

✓

✗

3 为每根假鳞茎插支柱

为每根新假鳞茎插支柱，控制好立柱的间隔。把支柱牢牢插进花盆，直插到花盆底部。

把假鳞茎固定在支柱上

固定时一根假鳞茎大概需要捆绑三处，用塑料绳捆绑后须调整株姿。生长中的假鳞茎还会继续变粗，所以要绑松一点儿。

4

剪掉支柱的多余部分

根据假鳞茎的高度剪短支柱。如果植株还在生长，就等到假鳞茎停止伸长后再剪短支柱。

5

6 戴上保护帽

铁丝支柱的切口很危险，一定要给它戴上保护帽。

10月

本月的主要工作

基本 立支柱

基本 应对台风

基本 基础工作

挑战 适合中级、高级栽培者的工作

10月的石斛

　　秋意变浓后，石斛的生长正式进入了饱满期。石斛组、澳洲石斛组品种在假鳞茎顶部长出最后一枚叶片"终止叶"后，便结束了生长期，此后假鳞茎会不断变粗。垂茎组品种也长出了"终止叶"，假鳞茎停止伸长。顶叶组品种的新芽开始变粗，发育成假鳞茎。无论哪种类型，植株都会在本月下旬结束生长。植株发育饱满的同时，也形成了花芽。

银白"雪子"（Silky White 'Yukiko'）开古典的白色配上深紫红色斑纹的大型花朵，开花性非常好。株高为30~40cm。

主要工作

基本 立支柱（参见第74、75页）

调整临时支柱的位置

　　到了本月下旬，许多石斛组品种的假鳞茎都完成了生长，所以要调整支柱来改善植株的整体平衡。把支柱调整到最终位置后，将每根假鳞茎用塑料绳固定到支柱上，大概需捆绑3处。

　　顶叶组品种的假鳞茎生长也接近尾声了，因此可以立支柱来调整株姿。把假鳞茎扶起来，在假鳞茎与叶片根部的交界处进行捆绑，如果假鳞茎还会继续变粗，就稍微捆松点儿。

基本 应对台风（参见第72页）

保护植株免受强风伤害

　　保护好植株，防止植株被强风吹倒，以致折断或弄伤假鳞茎。

长出这枚叶片表示假鳞茎停止了生长。

本月的管理要点

❄ 通风良好的室外 / 室外遮光处

💧 让植株淋雨。一旦夜晚温度开始下降，就减少浇水量

▨ 不需要

◉ 黑斑病、蛞蝓

管理要点

❀ 石斛组

❄ **摆放：通风良好的室外**（参见第 47 页）

这一时期太阳光照强度变弱，可以摘掉遮光网了，不过一直遮着也没什么问题。另外，平时让植株淋雨不要紧，但预计有台风造成的长期降雨天气时，最好把盆栽转移到屋檐下。降温时如果盆内一直是湿润的，有可能会伤到根系。

💧 **浇水：利用自然的雨水即可**

只要可以淋雨，植株几乎就不需要浇水。如果 1 个月左右没有降雨，这期间需要浇 2 次水。

▨ **施肥：不需要**

❀ 澳洲石斛组

❄ **摆放：通风良好的室外**（参见第 47 页）

摘掉遮光网，让植株接受阳光直射。如果与其他类型的石斛摆在一起栽培，也可以一直使用遮光网。

💧 **浇水：利用自然的雨水即可**

以石斛组为准。

▨ **施肥：不需要**

❀ 垂茎组

❄ **摆放：通风良好的室外遮光处**（参见第 47 页）

将植株悬挂栽培。

💧 **浇水：利用自然的雨水即可**

以石斛组为准。

▨ **施肥：不需要**

❀ 顶叶组

❄ **摆放：通风良好的室外遮光处**（参见第 47 页）

拉开植株间的距离，让即将结束生长的假鳞茎得到充分的光照。

💧 **浇水：利用自然的雨水即可**

以石斛组为准。

▨ **施肥：不需要**

病虫害的防治（参见第 90~93 页）

黑斑病

本月需继续留意叶片上的黑色斑点。

蛞蝓

蛞蝓仍然在活动，所以需要注意。

本月的主要工作

| 基本 | 立支柱 |

基本 基础工作
挑战 适合中级、高级栽培者的工作

11月的石斛

　　所有类型的石斛都结束了生长。石斛组品种的假鳞茎连茎梢也变得粗壮。在春季开过花的假鳞茎上，叶片开始变黄掉落。当澳洲石斛组品种的粗壮假鳞茎整体变成朴素的色彩后，说明假鳞茎已发育完全。垂茎组与顶叶组品种也会长成假鳞茎茎梢粗壮的植株。

尖竹汶日出（Chantaboon Sunrise）是由原生种杂交而来的一代杂交种，开着橙色的细瓣花。它的栽培方法与石斛组品种的相同。株高为20~30cm。

主要工作

基本 立支柱（参见第74、75页）

调整临时支柱的位置

　　假鳞茎结束生长后，必须调整好临时支柱的位置。如果还没有为顶叶组品种的植株立支柱，就尽早对株姿进行调整吧。

管理要点

✿ 石斛组

❄ 摆放：**本月上中旬时移进室内**（参见第80页）

　　如果连续两周最低气温低于15℃，并接近10℃，就把盆栽从室外移进室内。在室内将植株摆在日照充足的窗边。穿过玻璃窗的阳光对植株就很好，不要使用蕾丝窗帘这些遮挡物。

💧 浇水：**稍微多一点儿**

　　将植株摆进室内后，有一段时间要多浇水。由于从寒冷的室外移到了温暖的室内，植株会突然需要水分。若是怠于浇水，那好不容易变粗的假鳞茎就会突然消瘦。使植株开出美丽

❄ 从室外移到室内日照充足的窗边

💧 移进室内后暂时多浇水

⚁ 不需要

🐛 介壳虫

花朵的关键在于让假鳞茎维持粗壮的状态。

⚁ **施肥：不需要**

🌸 澳洲石斛组

❄ **摆放：本月上中旬时移进室内**（参见第80页）

以石斛组为准。

💧 **浇水：稍微多一点儿**

以石斛组为准。与石斛组相比，澳洲石斛组品种的假鳞茎变化不太明显。但只要仔细观察，您应该能发现，如果供水不足，假鳞茎上的竖纹就会变得紧凑一些。

⚁ **施肥：不需要**

🌸 垂茎组

❄ **摆放：本月上中旬时移进室内**（参见第80页）

移进室内前要考虑如何悬挂植株，在日照充足的窗边做好准备。可以使用晾衣架等工具。

💧 **浇水：栽培基质表面干燥时充分浇水**

垂茎组品种大多是种植在小花盆里的，移进室内后栽培基质干燥得特别快。垂茎组品种的假鳞茎长得细，不像石斛组品种那样一眼就能看出假鳞茎变瘦了。所以，一旦栽培基质变轻、表面干燥，就要充分浇水。

⚁ **施肥：不需要**

🌸 顶叶组

❄ **摆放：本月上中旬时移进室内**（参见第80页）

以石斛组为准。但由于这一组品种属于开花最晚的类型，因此不要将它们移进室温太高的房间。白天稍凉（约20℃）、夜晚不太冷（10℃左右）的房间较为理想。

💧 **浇水：稍微多一点儿**

以石斛组为准。可是与石斛组品种相比，顶叶组品种的假鳞茎变化不太明显，所以要仔细观察。当栽培基质表面有点儿干燥时，用手指稍微用力按一按，如果感觉到只有一点点水分，这时候就可以浇水了。

 施肥：**不需要**

病虫害的防治

介壳虫（参见第 91 页）

摆在室内时，植株之间容易相互接触，空气流通不畅。若室内空气刚好偏干燥，这就凑齐了介壳虫喜欢的环境条件。请仔细检查假鳞茎、植株基部、叶片背面等位置，看看有没有出现介壳虫。一经发现，必须喷洒针对介壳虫的杀虫剂。有许多杀虫剂对介壳虫无效，因此要注意。晴天时把盆栽搬到室外喷洒杀虫剂，待杀虫剂干燥后再搬回室内。如果不用杀虫剂，只是把介壳虫捏死、擦掉，虫子还是会马上多起来的。

基本 # 在室内的摆放位置

适宜时期：
11 月至来年 3 月

日照充足的窗边

将植株摆在室内时，尽量摆在日照充足的窗边。不需要用蕾丝窗帘等遮光，让植株隔着玻璃窗直接晒太阳即可。

如果您家的窗户是落地窗，最好不要将植株直接摆在地板上，可以摆在花台等架子上。另外，要考虑浇水问题，我们需要为花盆垫上托盘等。垂茎组品种不便摆在架子上，用晾衣架、晾衣竿等悬挂起来即可。

不必专门为石斛准备温室，日常生活的温度足矣。如果开暖气，不要让植株直接吹到暖风。

不开花的原因
与高芽有很大的关系

栽培石斛时，有时植株长得很健壮，叶片健康有光泽，可就是不开花。特别是石斛组品种，长大的假鳞茎的节上会冒出叫作"高芽"的芽，之后还会形成根系。栽培时，要牢记不开花的原因与高芽有很大的关系。

下面为您整理了石斛不开花的原因。

1. 日照不足

在背阴处、室内栽培时，日照不足，植株的假鳞茎会变细，叶片会变长并无精打采地耷拉着。此外，假鳞茎的节间也会变长。一旦变成这种状态，植株就不会开花了。而且，这种状态的植株也很少形成高芽。

2. 肥料过多

和其他洋兰一同栽培时，有时会过度施肥。特别是8月以后，可以为其他洋兰施肥，但不要为石斛施肥。这是施肥的原则。如果肥料太多，植株看起来精神，但原本要形成花芽的节会冒出高芽。所以施肥一定要按时按量。

3. 过度浇水

在冬季摆进室内前，石斛一直都是在室外栽培的，进入秋季后要控制浇水量。浇水时保证发育结实的假鳞茎不起皱即可。如果下雨，就无须另外浇水。此时过度浇水是形成高芽的原因，其结果是花量变少。

4. 过早移进室内

如果早早地将盆栽移到室内，植株没有充分经受秋冬期间的寒冷，开花就会受影响。茎梢也饱满的假鳞茎，只有在10℃左右的温度中待上两个多星期，才能形成花芽。令植株充分经受寒冷后再将其移进室内，这是让假鳞茎开满花朵的秘诀。如果植株没有经受寒冷就直接被移进暖和的室内，会使其形成许多高芽。

本应形成花芽的节却长出了高芽。

12月

基本 立支柱

基本 基础工作
挑战 适合中级、高级栽培者的工作

12月的石斛

到11月为止在室外度过的石斛，假鳞茎变得饱满而粗壮，长成了结实的植株。到春季之前，植株不会有太大的变化，只不过根据栽培环境的温度，花蕾膨胀的时间会有所变化。有的植株会落叶，但不用担心。虽然这个时期植株没有明显的变化，但若植株消瘦了，就说明管理上出现了问题。

石斛（*Dendrobium pseudoglomeratum*）是原产自新几内亚岛高原地区的原生种。粉色花朵簇拥在细长的假鳞茎顶部附近呈球状开放。株高为60~80cm。

主要工作

基本 **立支柱**（参见第74、75页）
调整临时支柱的位置

假鳞茎结束生长后，必须调整临时支柱的位置。

管理要点

🌸 **石斛组**

❄ **摆放：日照充足的室内窗边**（参见第80页）

符合温度带2或温度带3条件的地方较为理想。如果想在隆冬时节观赏花朵，可以将植株摆在温度带1。让植株直接隔着玻璃窗晒太阳即可，不要用蕾丝窗帘等物遮光。

💧 **浇水：在栽培基质完全干燥前**

温度带1 积极为在此处栽培的植株浇水，即使栽培基质不干，也不必担心。有的植株节上的花蕾开始长大了，一旦发现花蕾，就不要断水。

温度带2 虽然此处晚上有点儿冷，但白天很温暖，因此栽培基质易干燥。当栽培基质表面开始变干时，就充分浇水。

本月的管理要点

☀ 日照充足的室内窗边

💧 栽培基质完全干燥前，根据植株所在温度带情况来浇水

▓ 不需要

🐛 介壳虫

温度带3 此处温度很低，所以栽培基质不易干燥。当栽培基质表面变干时，用手指轻轻按压，如果感觉只有一点点水分，就少量浇水。

▓ **施肥：不需要**

🌸 澳洲石斛组

☀ **摆放：日照充足的室内窗边**（参见第80页）

　　以石斛组为准。

💧 **浇水：在栽培基质完全干燥前**

　　以石斛组为准。在温度带1，有的植株顶部开始冒出花芽，一旦发现花芽，就不要断水。

▓ **施肥：不需要**

石斛组品种的花芽开始伸长了。

🌸 垂茎组

☀ **摆放：日照充足的室内窗边**（参见第80页）

　　以石斛组为准。用晾衣架等工具将植株悬挂起来。

💧 **浇水：在栽培基质完全干燥前**

　　以石斛组为准。

▓ **施肥：不需要**

🌸 顶叶组

☀ **摆放：日照充足的室内窗边**（参见第80页）

　　以石斛组为准，但最好将植株摆在温度不低于10℃的房间里。

💧 **浇水：在栽培基质完全干燥前**

　　以石斛组为准。

▓ **施肥：不需要**

病虫害的防治

介壳虫（参见第91页）

　　仔细检查假鳞茎、根部、叶片背面等位置，看看有没有出现介壳虫。

石斛栽培的基础知识

一定要提前掌握这些内容

本书中介绍的石斛组、垂茎组、澳洲石斛组、顶叶组四类石斛，都是耐寒性强、容易栽培的石斛，它们的基本栽培方法您可以认为是相同的。

花盆与栽培基质

水苔或混合堆肥

栽培石斛的基质主要为水苔与混合堆肥，不会是土壤或沙子。种植时也可以只用混合堆肥的主成分——树皮。包含一定水分且较易干燥的材料适合用来栽培石斛。

水苔（右）是由生长在湿地的泥炭藓经过干燥制成的，使用前需先用水泡湿。混合堆肥（左）是由浮岩、树皮等材料混合而成的。

选择适合栽培基质的花盆

水苔富含水分，干燥得慢，可以搭配陶盆来种植石斛。而选择混合堆肥或树皮种植时，栽培基质干燥得快，宜使用塑料盆或彩色陶瓷花盆。如果搭配反了，如在塑料盆里用水苔，水苔不易变干，会难以把握浇水的时机。要是把石斛用混合堆肥种在陶盆中，混合堆肥易过度干燥，使得石斛生长状况恶化。

只要水分调整得当，无论采用哪种搭配方式，您都能顺利栽培。但还是建议您尽量选择便于管理水分的搭配方式。

陶盆（左边三个）与塑料盆（右边三个）。若使用塑料盆，应选择有许多盆底孔的。

摆放位置

日照、通风都良好的位置

石斛是最喜欢阳光的兰花之一。不论哪个季节，只要在有阳光的地方栽培，石斛就能健康生长，开出娇艳的花朵。如果阳光充足，您还能培育出株姿美丽的植株。在春秋的生长期，一定要把石斛摆在室外，尽量在有长时间日照（从早上到傍晚都能晒太阳）的地方管理。

另外，通风也特别重要，需选择通风良好的位置摆放植株。

适度遮光

虽说要将植株摆在日照充足的位置，可直射阳光过于强烈，就一定要为植株罩上园艺遮光网。遮光 35%~40% 的地方是最理想的摆放位置。遮光网请选择通风性好、网眼较大的类型。当盆栽被摆在枝叶繁茂的大树下时，可能会出现日照不足的情况。

春秋时期摆在室外，冬季摆在室内

在室外栽培石斛时，不用担心温度的问题。关于温度管理的关键是，不要弄错将植株摆出去与摆进来的时机。

秋季将植株要在室外栽培到气温很低的时候，根据经验，最低气温达到 8℃ 左右之前在室外栽培比较好。降霜时的气温就太低了。看天气预报时请留意最低气温，预测摆进室内的时间。

冬季最低温度可以约为 5℃

从入冬到春季过半的时期，把石斛摆在室内日照充足的窗边。这时，让植株隔着玻璃窗晒太阳即可，不需要使用遮光帘、蕾丝窗帘等遮光。天气好的时候，您可能会想把植株暂时搬到室外晒一下日光浴。但从原则上来说，直到春季来临，搬进室内的植株应一直在室内管理。

关于冬季的室内温度，对于石斛来说，人们日常生活的温度就基本没问题。即便晚上关掉暖气，只要最低温度在 5℃ 左右，就不用担心。有些石斛，您还能在更低的温度下栽培。

最高最低温度计。尽管不用过分在意温度，但还是要掌握摆放植株处一天中的最高温度与最低温度。

85

浇水

栽培的成败在于浇水

对栽培石斛来说，最重要的就是浇水。保证日照充足自然是大前提，但能否根据季节调整好浇水量，将关系到石斛的生长与开花情况。掌握了浇水方法，等于掌握了栽培石斛的基本功。

春夏时期要足量浇水

春夏时期要不断为植株提供新鲜的水分，这是春季新芽长大的季节。要是这段时间浇水不足，开始生长的新芽就无法长大。如果植株长不大，开花量会减少，开出的花朵看起来也不漂亮。要为石斛充分浇水，直到植株长大，假鳞茎顶部生出名叫"终止叶"的最后一枚叶片为止。

秋冬时期逐渐减少浇水量

从深秋至冬季，适宜的浇水方式会有很大的变化。在生长结束后，大多数石斛都得经历一段短暂的干燥期才能增加开花量。

在到假鳞茎长大，生出名叫"终止叶"的最后一枚叶片，气温开始下降后减少浇水量。

秋季过半时，应该稍微减少一点儿浇水量，保证盆内不会干巴巴的即可。这时候，假鳞茎还在吸收水分，继续生长。

待到秋季即将结束，要进入冬季时，大幅减少浇水量。待盆内相当干燥了再浇水。此时，保证假鳞茎不起皱即可。如果浇得太少，好不容易变粗的假鳞茎就会开始消瘦。一边仔细观察植株，一边浇水吧。

摆在室外时，可以让植株淋雨

秋末至初冬时，盆栽还摆在寒冷的

充分浇水，直至水从盆底流出。如只在表面浇点儿水是不够的。

M.Ejiri

室外，可以只浇一点儿水，有时自然淋雨就够了。秋季结束时使栽培基质维持略微干燥的状态，让植株感受一下初冬的寒冷，这样更容易形成花芽。

在冬季根据房间温度情况浇水

终于进入了寒冬，把石斛摆进室内后，必须改变浇水方式。冬季，摆放植株的房间的温度不同，浇水方式也截然不同。如果在比较温暖的客厅的窗边栽培石斛，那么在冬季也需要经常浇水。而在没有暖气的寒冷房间的窗边栽培石斛时，有时可以1~2周浇1次水。

室温高的时候，盆内也会干燥，植株蒸发的水分多，不为其补充水分的话，假鳞茎就会变瘦。仔细观察假鳞茎的情况，确保植株不会缺水。在暖和的高层住宅等栽培石斛时，浇水特别需要用心。

将植株摆在室温低的房间里时，如果水分太少，栽培基质会过于干燥，使得植株没有水分可吸收。7~10天浇1次水即可。

出现花蕾后严格避免干燥

将石斛摆在室温高的房间里时，有时冬季花芽就会长出来了。当假鳞茎的节膨胀起来，能观察到小小的花蕾后，要增加浇水量。严格避免干燥，使盆内一直维持湿润的状态。在花朵盛开前，浇水量可以稍微高于您心里预估的量。花朵盛开后继续浇水，保持盆内不干燥即可。

在寒冷的房间里栽培石斛时，冬季植株不会长出花蕾。到了春季室外开始升温时，花蕾才开始膨胀。观察到这一状态后，再增加浇水量。

澳洲石斛组品种形成的花蕾。冬季在室温高的房间里，12月花蕾就开始冒出来了。

工具与材料

可以只准备最基本的

园艺剪是必需的工具，在换盆、剪残花、整理受伤的叶片时使用。请选择用起来顺手的工具。如果准备了换盆时用来填塞水苔或树皮的木棍、便于整理根系的镊子，操作将更加顺利。

春夏时期要准备罩在室外的遮光网。选择遮光率为35%~40%，通风性好的大网眼遮光网。请勿使用遮光率高、通风性差的遮光网。

上图：从左开始，依次为修剪铁丝支柱的电缆剪、园艺剪、镊子、木棍（自制）、拔不出根球时使用的橡胶锤。

下图：遮光网（遮光率为35%），网眼较大。

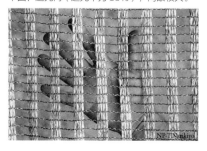

施肥

严禁过度施肥

石斛并不需要很多肥料。施过多的肥料，反而会减少开花量，因此要注意。

同时使用固体肥料与液体肥料

栽培石斛时通常同时使用固体肥料与液体肥料（水肥）。固体肥料采用放置施肥的方式，即把肥料放在栽培基质上。液体肥料需先用水稀释，再用跟浇水一样的方式施肥。搭配使用固体有机肥料与液体肥料，对长期栽培石斛来说是最为理想的施肥方式。

专栏

如果您不想频繁施肥

有一种方法，把颗粒状的固体无机肥料放在植株基部，施用1次即可。许多颗粒状的固体无机肥料的肥效期可长达3个月，所以只施用1次也是可以的。

但许多时候，由于固体无机肥料的肥效太强，施用时一定要遵照说明书使用。施肥太多会伤害根系，使得植株生长状况恶化，完全是起了相反作用，因此需要注意。

春夏时期施肥

在春季至 7 月施肥，秋季无须施肥。假如到深秋了还在施肥，植株就会长得很旺盛，叶片呈深绿色，看起来特别健康，却开不出花朵，并且假鳞茎中间会形成高芽。

植株在 4 月下旬开始萌生新芽，这时先在栽培基质表面放置固体有机肥料。固体有机肥料的肥效期大概为 1 个月，因此需在 5 月、6 月、7 月共施 3 次左右追肥。从 5 月假期开始，气温上升，新芽的长势也变好了。这时将液体肥料按规定比例稀释，每周施用 1 次。液体肥料需一直施到 7 月。8 月后不再施用固体肥料与液体肥料。

以油粕为主要成分的固体有机肥料（质量分数：氮元素 4%、磷元素 6%、钾元素 2%）。将其规定量放置在栽培基质上。

粉末型的液体无机肥料（质量分数：氮元素 12%、磷元素 24%、钾元素 24%）。按规定比例稀释后，代替浇水。

石斛使用的肥料

固体有机肥料	以油粕等为主要成分的肥料，效果温和，不刺激根系。因此，即使稍微过量了也很少对植株造成伤害。市面上有许多油粕类的有机肥料。
固体无机肥料	一种化学肥料，有效成分多，生效快。一旦使用过量，就会伤及根系，请切勿弄错施用量。
液体肥料	使用时需用水来溶解原液或粉末。分为有机型与无机型两种，推荐给石斛使用无机型的。浓度过高时会伤害根系，因此要注意稀释倍率。

病虫害的防治

如果石斛的栽培环境恶劣，就可能引来害虫、染上疾病。因此要改善环境，并在发现病虫害之后尽早治疗。

病虫害相对较少

石斛是一种病虫害相对较少的兰花。但如果管理不当，有时也会引来害虫或生病。栽培环境良好时，很少出现主要的病虫害，所以平时维护好栽培环境，就能减少病虫害，不喷洒药剂也没问题。

努力做到早发现、早防治

由于难以喷药预防病虫害，所以应做到尽早发现害虫与疾病，及时喷洒有效的对症药剂。一定要确认所用的药剂是针对需喷洒的品种及它身上的病虫害的。另外，使用药剂时，请遵照说明书上的使用方法。

图方便也要做好安全措施

现在，市面上针对家庭园艺的药剂主要是便携喷雾型的。这种类型的药剂便于使用，但喷洒时一定要穿长袖，别露出手臂，戴好防护手套，使用口罩、保护眼睛的护目镜等。

选在无风的日子喷洒药剂，并注意别让药剂飘散到周围。此外，夏季要在早晚凉爽的时间喷洒。如果在白天温度高的时候进行，即使用的是家庭型药剂，也会出现药害，伤害植株，因此需要注意。喷完药剂后，必须用肥皂洗手，也要漱口。

有些专用药剂需要按规定比例稀释后再用喷雾瓶喷洒。准备专门用来装药剂的喷雾瓶，此瓶不要另作他用。

主要的害虫

蛞蝓

蛞蝓全年都会出现，特别是新芽开始萌发、花蕾开始冒出来的时期，植株最容易被这种害虫啃食。如果放任不管，有时几天内新芽和花蕾就会被啃食干净。

这种害虫喜欢花盆内部、盆底孔等潮湿的地方。哪怕发现了一点点蛞蝓啃食的痕迹，也要检查盆底等地方，一旦找到蛞蝓就立刻捕杀。同时还要在植株周围喷洒杀蛞蝓剂。喷洒后，晚上蛞蝓会被药剂引出来，吃下药剂后便会死亡。淋雨后药剂的药效会减弱，因此要选在几天内都不下雨或不浇水的时候喷洒。

蚜虫

花蕾开始生长时，小小的黑色蚜虫会布满花蕾和绽放的花朵。不仅看起来不美观，蚜虫还有可能成为传染病毒病的媒介，所以一旦发现它们，就要喷洒杀虫剂。

喷了杀虫喷雾后蚜虫会立刻死亡，但虫体依然附着在花朵与花蕾上，用柔软的布片等擦拭掉即可。

蚜虫容易出现在通风差的地方，所以尽量在通风良好的地方管理植株，能够有效减少蚜虫。另外，蚜虫是春季必定会出现的害虫。

介壳虫

介壳虫比较少出现在石斛上。这种像白色或灰色颗粒的虫子会附着在叶片背面和假鳞茎上，吸收汁液，令植株变虚弱。一旦发现介壳虫，就立刻喷洒针对介壳虫的杀虫剂。如果直接用布片等擦拭，会碾碎介壳虫的外壳，壳内的小幼虫（若有）会散落。应先喷洒杀虫剂，待介壳虫死亡后再用软布擦掉。

介壳虫容易出现在通风差、植株摆放密集的地方。环境比较干燥时也容易出现介壳虫，所以冬季在室内管理时要留心观察植株，尽早发现，及时处理。

主要的疾病

红蜘蛛

这种极小的害虫容易附着在石斛组品种柔软的叶片背面。通常很难发现活着的红蜘蛛，能看到的大多是它们啃食的痕迹。植株一旦被红蜘蛛啃食，叶片背面会留下被吸走汁液后的白色痕迹。仔细观察，您会发现白色的小点密密麻麻地呈雾状分布。

这种害虫容易出现在生长期，如果叶片被红蜘蛛啃食，植株就会失去活力，生长状况变差。哪怕只发现一小片红蜘蛛留下的痕迹，也要在植株上及其周围喷洒对症的药剂，并重点喷洒叶片背面。这种害虫怕水，给叶片背面浇水也能减少它们的出现。

蓟马

蓟马会附着在花瓣的重叠处，啃食花朵，在上面留下伤痕，降低花朵的观赏价值。它也和蚜虫一样，是病毒病等疾病的媒介。蓟马的发育周期非常短，会一波接一波地出现，所以要持续防治一段时间。

黑斑病

黑斑病的表现为叶片上会出现不规则的黑色斑点，且在石斛组品种的叶片上很常见。此病多出现在夏末至冬季，在秋季阴雨连绵的天气植株容易生这种疾病。如果放任不管，黑色斑点会不断扩散，影响美观。而且这种病会导致叶片提前掉落，所以一经发现，就尽快喷洒对症的杀菌剂。

生了病斑的叶片会掉落，若放任不管，疾病就会进一步扩散。喷洒杀菌剂的同时，应及时把落叶收拾干净。这一点非常重要。石斛十分强健，尽管不会因为这种病而枯死，但还是建议您趁早处理。

病毒病

常见的病毒病有花叶病，这种病会使得叶片萎缩，叶片、花朵上出现不规则的斑纹，以蚜虫、红蜘蛛、蓟马等害虫为传播媒介。另外，管理时用到的剪刀等工具也会传播这种病，所以要对使用工具彻底地消毒。每修剪一棵植株，就要灼烧剪刀等工具，消毒后再修剪下一株。此外，如果触摸过患有病毒病的植株，操作后一定要用肥皂洗手。

可惜的是，一旦染上病毒病，植株就很难治愈了。建议您处理掉患病的植株，防止感染到其他植株。

使用便携喷雾型杀虫杀菌剂。除了蚜虫、红蜘蛛、蓟马等害虫，这种药剂还能用于灰霉病等疾病，建议您准备一瓶。

澳洲石斛的叶片晒伤了。晒伤的部分从浅棕色变成黑色，样子不好看了。

令人担忧的非疾病症状

叶片被晒伤

晒到阳光的叶片先是泛白了，后来逐渐变成黑色。这不是疾病，而是烈日灼伤叶片组织后出现的症状。特别是在春季，当植株被从室内移到室外时，照在叶片上的阳光强度发生剧烈变化，容易出现叶片被晒伤的情况。另外在盛夏时节，不仅日照强烈，气温还会升高，叶片更容易出现晒伤症状。

不管是哪种情况，都要用遮光网遮阳。在夏季的高温期还要经常为叶片浇水，降低叶片温度，以防叶片被晒伤。

落叶

石斛组与垂茎组品种属于落叶性石斛。落叶时间不一，有的种类一到冬季就开始落叶，有的则在临近春季时落叶。对于原本就会落叶的类型，您完全不必担心。如果在落叶过程中，觉得黄色叶片不美观，也可以用手指将其轻轻地扯掉。

Original Japanese title: NHK SYUMI NO ENGEI 12 KAGETSU SAIBAI
NAVI 15 DENDROBIUM
Copyright © 2020 Ejiri Munekazu
Original Japanese edition published by NHK Publishing, Inc.
Simplified Chinese translation rights arranged with NHK Publishing, Inc.
through The English Agency (Japan) Ltd. and Shanghai To-Asia Culture Co., Ltd.

北京市版权局著作权合同登记　图字：01–2021–4229号。

图书在版编目（CIP）数据

石斛12月栽培笔记 /（日）江尻宗一著；谢鹰译.
— 北京：机械工业出版社，2022.1
（NHK趣味园艺）
ISBN 978-7-111-69729-9

Ⅰ.①石… Ⅱ.①江… ②谢… Ⅲ.①石斛－观赏园艺 Ⅳ.①S685.99

中国版本图书馆CIP数据核字（2021）第245019号

机械工业出版社（北京市百万庄大街22号　邮政编码100037）
策划编辑：于翠翠　　　　　责任编辑：于翠翠
责任校对：孙莉萍　张　薇　责任印制：邵　敏
北京瑞禾彩色印刷有限公司印刷

2022年1月第1版·第1次印刷
148mm×210mm·3印张·1插页·77千字
标准书号：ISBN 978-7-111-69729-9
定价：35.00元

电话服务　　　　　　　　网络服务
客服电话：010–88361066　机　工　官　网：www.cmpbook.com
　　　　　010–88379833　机　工　官　博：weibo.com/cmp1952
　　　　　010–68326294　金　书　网：www.golden-book.com
封底无防伪标均为盗版　机工教育服务网：www.cmpedu.com

封面设计
冈本一宣设计事务所

内文设计
山内迦津子、林圣子
（山内浩史设计室）

封面与内文摄影
樱野良充

照片提供
江尻宗一/铃木和浩
高尾登山铁道
田中雅也
筒井雅之
成清徹也
（株）山本石斛园
道川知久

插图
江口Akemi
Tarajirou（人物绘制）

地图制作
atelier-plan

校对
安藤干江
前冈健一

编辑协助
高桥尚树

策划与编辑
向坂好生（NHK出版）

摄影与取材协助
须和田农园